新型农民现代农业技术与技能培训丛书

奶牛饲养员培训教材

张晓明 编著

金盾出版社

内 容 提 要

本教材由中国农业大学动物科技学院张晓明教授编著。内容包括：奶牛饲养员的职责和素质，奶牛饲养员须具备的基础知识，奶牛场组成，奶牛各阶段的饲养管理方法，奶牛饲养员的技术考核指标及劳动定额等。

本教材从强化培养操作技能，掌握一门实用技术的角度出发，较好地体现了本岗位当前最新的实用知识和操作技能，理论深入浅出，语言通俗易懂，适用于县(市)、乡(镇)和农业企业相关工种的岗位培训，并可供广大青年农民自学使用。

图书在版编目(CIP)数据

奶牛饲养员培训教材/张晓明编著．—北京：金盾出版社，2008.6

（新型农民现代农业技术与技能培训丛书）

ISBN 978-7-5082-5102-8

Ⅰ.奶… Ⅱ.张… Ⅲ.乳牛-饲养管理-技术培训-教材 Ⅳ.S823.9

中国版本图书馆 CIP 数据核字(2008)第 070801 号

金盾出版社出版、总发行
北京太平路 5 号(地铁万寿路站往南)
邮政编码：100036 电话：68214039 83219215
传真：68276683 网址：www.jdcbs.cn
封面印刷：北京凌奇印刷有限责任公司
正文印刷：双峰印刷装订有限公司
装订：双峰印刷装订有限公司
各地新华书店经销
开本：850×1168 1/32 印张：4.125 字数：94 千字
2011 年 7 月第 1 版第 4 次印刷
印数：20961—25960 册 定价：8.00 元
（凡购买金盾出版社的图书，如有缺页、
倒页、脱页者，本社发行部负责调换）

新型农民现代农业技术与技能培训丛书

编委会

主 任

唐运新　谭祜德

委 员
（按姓氏笔画排列）

王清兰	邓望喜	史德宽	任克良
刘　新	孙双全	李　钦	李合生
李治民	李泽炳	李晓军	沈火林
张　建	张元恩	陈国平	陈章久
陈黎红	肖发沂	郑世发	施森宝
黄明双	曹克驹	曹尚银	彭中镇

序　言

中共中央、国务院[2007]1号文件明确指出,加强"三农"工作,积极发展现代农业,扎实推进社会主义新农村建设,是全面落实科学发展观、构建社会主义和谐社会的必然要求,是加快社会主义现代化建设的重大任务。

我国农业人口众多,发展现代农业、建设社会主义新农村,是一项伟大而艰巨的综合工程,不仅需要深化农村综合改革、加快建立投入保障机制、加强农业基础建设、加大科技支撑力度、健全现代农业产业体系和农村市场体系,而且必须注重培养新型农民,造就建设现代农业的人才队伍。

胡锦涛总书记在党的十七大报告中进一步指出,要培育有文化、懂技术、会经营的新型农民,发挥亿万农民建设新农村的主体作用。

新型农民是一支数以亿计的现代农业劳动大军,这支队伍的建立和壮大,只靠学校培养是远远不够的,主要应通过对广大青壮年农民进行现代农业技术与技能的培训来实现。金盾出版社在对农业岗位培训进行广泛调研的基础上,与中国农业大学老科技工作者协会、华中农业大学老教授协会等单位共同策划,约请数百名农业专家、学者参加,组织编写了"新型农民现代农业技术与技能培训丛书"(以下简称"丛书")。"丛书"坚持从现阶段我国青壮年农民的文化技术水平出发,突出现代农业技术与技能的传授,注重其先进性和实用性;"丛书"以教材形式编写,共有88个分册,涉及81个农业岗位,除水稻农艺工、蔬菜园艺工、蔬菜植保员、果树植保员分南方本和北方本外,其他均为一个岗位一本培训教材,以方便县(市)、乡(镇)、村组织新型农民培训和农业企业进行岗位培训时选用。"丛书"的组编和出版,还得到了河北农业大学、沈阳农业大学、西北农林科技大学、甘肃农业大学、北京农学院、山东畜牧兽医职业技术学院、大连民族学院、中国农业科学院茶叶研究所、中国农业科学院油料研究所、中国农业科学院郑州果树研究所、中国农业科学院特产研究所、中国农业科学院桑蚕研究所、中国养蜂学会、内蒙古自治区农牧科学院、甘肃省蔬菜研究所、山东省果树研究所、广西壮族自治区柑桔研究所、山西省畜牧兽医研究所等单位部分专家、教授的支持和参与,并列入劳动和社会保障部《全国职业培训与技能鉴定用书目录》,进行推荐,使我们深感欣慰,在此表示衷心感谢。我们希望和相信,通过"丛书"的出版发行,能为新型农民队伍的发展壮大贡献一份力量,也能为现代农业技术与技能培训积累一些可供借鉴的经验。

"丛书"编写时间有限,各分册存在不足或错漏在所难免,恳请同仁和各使用单位批评指正。

编　委　会

2008 年 1 月

目 录

第一章 奶牛饲养员的岗位职责与素质要求 (1)
一、奶牛场的岗位设置 (1)
二、奶牛饲养员岗位职责 (1)
　(一)犊牛饲养员 (1)
　(二)后备牛饲养员 (2)
　(三)泌乳牛饲养员 (3)
　(四)干奶牛饲养员 (4)
　(五)围产牛饲养员 (4)
三、素质要求 (4)
　(一)身体健康 (5)
　(二)严守劳动纪律 (5)
　(三)责任心强 (5)
　(四)好学上进 (5)

第二章 奶牛饲养员须具备的基础知识 (7)
一、奶牛的主要生物学特性 (7)
　(一)牛对冷热环境的适应性 (7)
　(二)奶牛的繁殖特性 (7)
　(三)牛的采食特性 (8)
　(四)奶牛的行为学特性 (9)
二、营养知识 (10)
　(一)奶牛消化生理 (10)
　(二)奶牛所需营养物质及消化吸收 (17)
　(三)奶牛的营养需要与饲养标准 (26)
　(四)奶牛常用饲料的营养特性与使用 (29)

(五)奶牛日粮的配制 …………………………………… (44)
　　　(六)奶牛的饲喂 ……………………………………… (48)
　　　(七)饲料定额 ………………………………………… (52)
　三、奶牛繁殖技术 ………………………………………… (53)
　　　(一)奶牛繁殖基础知识 ……………………………… (53)
　　　(二)母牛的发情观察 ………………………………… (55)
　　　(三)妊娠表现 ………………………………………… (56)
　四、一般操作技术 ………………………………………… (57)
　　　(一)奶牛体表部位的名称 …………………………… (57)
　　　(二)牛体尺的测量 …………………………………… (60)
　　　(三)牛体活重的测定 ………………………………… (63)
　　　(四)体况评分 ………………………………………… (64)
　　　(五)奶牛的保定方法 ………………………………… (65)
　　　(六)健康观察 ………………………………………… (68)

第三章　奶牛场组成 ……………………………………… (71)
　一、奶牛场的牛群结构 …………………………………… (71)
　　　(一)奶牛场的牛群 …………………………………… (71)
　　　(二)牛群结构及其影响因素 ………………………… (72)
　二、奶牛场的设施与设备 ………………………………… (74)
　　　(一)奶牛场的主要设施 ……………………………… (74)
　　　(二)奶牛场的主要设备 ……………………………… (78)
　三、奶牛场的布局 ………………………………………… (80)
　　　(一)管理办公区 ……………………………………… (80)
　　　(二)辅助生产区 ……………………………………… (80)
　　　(三)奶牛生产区 ……………………………………… (81)
　　　(四)粪污处理区 ……………………………………… (82)
　　　(五)生活区 …………………………………………… (82)

第四章　后备母牛的饲养管理 …………………………… (84)

目录

一、犊牛的饲养管理 (84)
  (一)初生犊牛的护理 (84)
  (二)哺乳犊牛的饲养 (86)
  (三)断奶犊牛的饲养 (87)
  (四)犊牛的管理 (87)
  (五)犊牛培育中使用的特殊饲料 (89)

二、育成母牛的饲养管理 (89)
  (一)7~12月龄母牛的饲养 (90)
  (二)13月龄至初配母牛的饲养 (90)
  (三)育成母牛的管理 (90)

三、青年母牛的饲养管理 (91)
  (一)青年母牛的饲养 (91)
  (二)青年母牛的管理 (91)

第五章 成年母牛的饲养管理 (93)

一、有关成年母牛饲养管理的几个基本概念 (93)
  (一)泌乳阶段的划分 (93)
  (二)泌乳曲线 (93)
  (三)母牛在泌乳周期中产奶量、采食量和体重的变化规律 (94)

二、干奶母牛的饲养管理 (94)
  (一)干奶的意义与方法 (94)
  (二)干奶牛的饲养 (96)
  (三)干奶期的管理 (97)

三、围产期的饲养管理 (98)
  (一)围产前期的饲养管理 (98)
  (二)围产后期的饲养管理 (98)
  (三)接产与助产 (99)

四、泌乳牛的饲养管理 (100)

(一)泌乳早期的饲养……………………………………(101)
　　(二)泌乳中期的饲养……………………………………(102)
　　(三)泌乳后期的饲养……………………………………(102)
　　(四)泌乳周期中理想的体重变化模式及能量平衡……(102)
　　(五)泌乳母牛的管理……………………………………(103)
第六章　奶牛饲养管理记录表格与使用……………………(105)
　一、登记统计制度的意义…………………………………(105)
　二、各种表格的使用………………………………………(106)
　　(一)犊牛饲养管理记录表格……………………………(106)
　　(二)断奶犊牛、育成牛、青年牛饲养管理记录表格……(107)
　　(三)泌乳母牛饲养管理记录表格………………………(108)
　　(四)干奶母牛饲养管理记录表格………………………(109)
第七章　奶牛饲养员劳动定额与技术考核指标……………(111)
　一、劳动定额………………………………………………(111)
　　(一)哺乳犊牛饲养员的劳动定额………………………(111)
　　(二)后备母牛饲养员的劳动定额………………………(112)
　　(三)成年母牛饲养员的劳动定额………………………(113)
　　(四)围产期母牛饲养员的劳动定额……………………(113)
　二、技术考核指标…………………………………………(114)
　　(一)哺乳犊牛饲养员的考核指标………………………(114)
　　(二)断奶犊牛饲养员的考核指标………………………(116)
　　(三)育成母牛饲养员的考核指标………………………(116)
　　(四)青年母牛饲养员的考核指标………………………(117)
　　(五)干奶母牛饲养员的考核指标………………………(118)
　　(六)泌乳牛饲养员的考核指标…………………………(118)
　　(七)围产期母牛饲养员的考核指标……………………(119)

第一章 奶牛饲养员的岗位职责与素质要求

一、奶牛场的岗位设置

奶牛场的设施与设备是奶牛场的基础,奶牛是奶牛场的主体,工作人员是奶牛场的灵魂,设施设备和奶牛必须在工作人员的管理与操作下才能进行生产。

奶牛场的工作人员是按工作岗位进行分工的,作为一名奶牛场的工作人员,熟悉奶牛场的岗位设置与相应的职责、各岗位之间的相互关系,对于掌握奶牛场生产的组织、生产工艺流程、各生产环节间的相互关系与衔接方式是非常必要的,对做好自己的本职工作、圆满履行自己所在岗位的职责具有重要作用。

奶牛场的生产岗位可分为4类,即管理岗位、技术岗位、生产岗位和后勤岗位(图1)。

二、奶牛饲养员岗位职责

根据奶牛场各类奶牛的分群,可将饲养员分为犊牛饲养员、后备牛饲养员、干奶牛饲养员、围产牛饲养员、泌乳牛饲养员5个岗位。虽然这5个岗位都称之为奶牛饲养员,但工作内容有很大的差别。

(一)犊牛饲养员

犊牛饲养员专门负责哺乳犊牛的饲养与管理。由于绝大部分奶

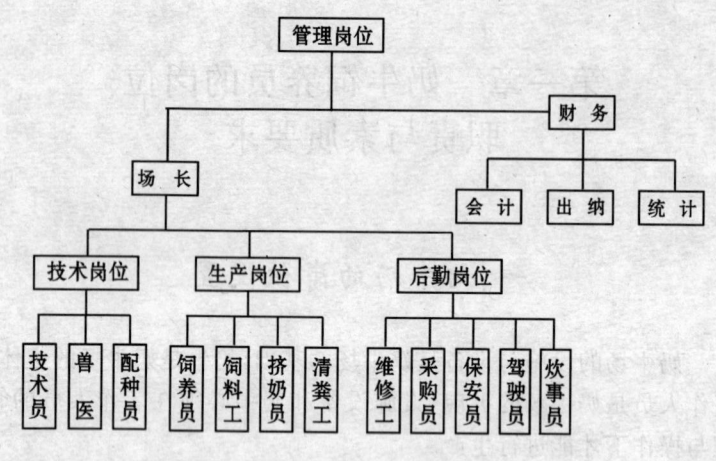

图1　奶牛场岗位设置

牛场的哺乳犊牛采取人工哺乳饲养方式,因此犊牛饲养员最重要的工作是犊牛的哺乳。当哺乳犊牛达到7～10日龄时要根据犊牛的生长发育情况进行补料。除此之外还要刷拭犊牛以保证其体表的清洁卫生。观察犊牛的行为状态,发现异常情况及时向兽医报告。

犊牛的饲养是一项非常重要而且比较复杂的工作,直接关系到犊牛的生长发育和健康,影响牛场生产潜力。哺乳要定时、定量、定温、定人。喂奶的用具要严格消毒。补料的种类和数量按要求和顺序饲喂,且根据犊牛的日龄和生长发育情况而不断调整。

犊牛抵抗力低,容易患病,死亡率也比较高。在饲养管理上稍有不慎,就会导致犊牛患病,增加饲养成本,影响生长发育,甚至死亡。因此,要求犊牛饲养员不但要有较高的专业技术和经验,还要有很强的责任心。

(二)后备牛饲养员

后备牛饲养员主要负责断奶犊牛、育成牛和青年牛的饲养与管理。日常工作主要有喂牛(投料和清槽)、观察牛的行为状态和刷拭牛体。断奶犊牛虽然不再哺乳,但其瘤胃尚未发育完全,功能也不完善,对环境和疾病的抵抗力也相对较低,因此还应给予特殊的照顾;育成牛瘤胃已基本发育成熟,对环境的适应能力和对疾病的抵抗力大大增强,饲养管理可相对粗放。日粮以粗饲料为主,以促进骨骼生长(吊架子)为主,防止肥胖。14月龄后应注意观察牛的发情表现,配合配种员进行配种。配种后应注意观察牛的返情情况,妊娠后期应注意保胎,并按规定进行乳房按摩。

后备牛饲养员的岗位设置应根据牛场规模确定。相对于其他牛群的饲养员而言,后备牛饲养员的劳动强度较小,对技术的要求不高,可作为新进场的饲养员学习、锻炼和过渡的阶段。一些牛场的后备牛饲养员多为女性或体力稍差的男性职工。

(三)泌乳牛饲养员

泌乳牛饲养员主要负责泌乳牛的饲养与管理。日常工作主要是喂牛(投料和清槽)、观察牛的行为状态和刷拭牛体。采用拴系饲养工艺牛场的饲养员需要从事挤奶操作的问题,请参考本系列培训教材的《奶牛挤奶员培训教材》的相关内容。泌乳母牛在泌乳早期营养需要量大,常常发生能量负平衡的现象,发生代谢病的可能性较高,加之子宫、产道恢复的需要,要求饲养员在饲养管理过程中采取各种措施提高牛的采食量,并密切观察牛的采食、排粪、阴道排出物、乳房水肿等情况。如果采用精粗分饲的饲喂工艺应根据牛的产奶量调整每头牛的精饲料供给量,掌握好精、粗料比例。产后40天应注意观察牛的发情并进行记录,配合配种员及时进行配种。配种后应注意观察,协助配种员做好妊娠鉴定,妊娠后期注意保胎,按时采取措施安全干奶。

泌乳牛饲养员的工作职责很多,技术要求很高。由于泌乳牛的采食量很大,劳动强度也大,因而在奶牛场,泌乳牛饲养员一般均由具有一定技术基础和饲养经验、年富力强的男性职工担任。

(四)干奶牛饲养员

干奶牛饲养员主要负责干奶牛的饲养与管理。日常工作主要是喂牛(投料和清槽)、观察牛的行为状态和刷拭牛体。与泌乳牛相比,干奶牛的饲养管理相对简单,重点在于保胎和调整奶牛的产前状态,使牛正常分娩,并尽可能减少产前、产后代谢病的发生。除常规工作外,应注意干奶牛运动保护,防止机械性流产,做好采食量和精、粗料比例的控制,随时观察牛,发现异常情况及时向技术人员报告。

(五)围产牛饲养员

围产牛饲养员是一个特殊的岗位,其工作内容和职责与普通饲养员有很大的不同。临产母牛一般在预产期前15天进入围产牛,产后15天出围产牛。围产牛饲养员除了对临产母牛和产后母牛进行饲喂外,还要进行接产与助产、母牛产后的挤奶与护理、新生犊牛的护理等工作。

围产牛饲养员岗位的技术性强,责任大,工作条件较差,需要值夜班,劳动强度中等,一般多由技术全面、责任心强、经验丰富的年龄偏大一些的老职工担任。

三、素质要求

奶牛饲养员是奶牛场人数最多的一个岗位,是构成奶牛场直接生产人员的主体,也是奶牛场最重要的生产岗位。奶牛饲养员的工作质量不仅直接关系到奶牛的生产性能,还关系到奶牛的健康与生产成本。因此,应对奶牛饲养员的素质提出比较具体的要求,一方面可作为奶牛场招聘人员的参考标准,另一方面也是奶牛

第一章 奶牛饲养员的岗位职责与素质要求

饲养员自觉学习和努力的目标。

奶牛饲养员除了应满足热爱祖国、遵纪守法等作为一般公民的基本要求外,还应具备如下素质。

(一)身体健康

奶牛饲养员每天接触奶牛,奶牛生产的牛奶是人类的食品,人、牛、产品之间存在着病原微生物和寄生虫传播的可能性。更为重要的是,牛与人之间存在着几种重要的人兽共患病,如结核病、布鲁氏菌病等,人与牛之间可相互感染。另外,奶牛饲养员属于体力劳动者,工作环境相对较差,工作时间相对较长,因此要求奶牛饲养员首先必须有健康的身体。

(二)严守劳动纪律

牛与人一样,要维持身体健康和良好的生产状态,必须遵从自身的生物学规律,有严格的"作息时间",什么时候饲喂,什么时候饮水,什么时候挤奶,都是有严格要求的,不能早也不能晚。饲养员要严格按照规定的工作程序进行生产操作,无论遇到什么情况都不能擅自更改牛的"作息时间"和自己的工作程序。

(三)责任心强

奶牛是动物,与机器相比,动物的最大特点是变化多样。牛的不同个体之间在脾气秉性、生产性能、抵抗力强弱、消化能力等很多方面都有很大的不同。在奶牛的饲喂和管理中,要特别注意细节,随时观察牛的精神状态、采食情况、粪便情况等,及时发现问题并加以解决。因此,要求奶牛饲养员必须有很强的责任心。

(四)好学上进

奶牛饲养员所从事的虽然是一种体力劳动,但也是一项技术性很强的工作,需要具备一定的专业知识,如奶牛的生物学特性、影响奶牛生产性能的因素、奶牛的营养需要和各种饲料的特性等。这些专业知识一般在上岗前的培训中进行初步的学习,然后在工作实践中不断巩固,加深理解,逐步达到灵活应用的程度。随着科学技术的发展,奶牛生产中也将不断采用新的方法与技术,因此需要奶牛饲养员不断学习,不断提高自己的业务水平。由于上述原因,首先要求奶牛饲养员具备基本的学习和理解能力,有初中以上文化水平。在此基础上,应勤奋好学,愿意动脑筋思考问题,善于理论联系实际。只有这样,才能不断充实自己,永不落伍,始终掌握奶牛饲养的先进技术,出色地做好奶牛饲养员的本职工作。

第二章 奶牛饲养员须具备的基础知识

一、奶牛的主要生物学特性

作为奶牛饲养员,必须了解奶牛的生物学特性,才能做好本职工作。

(一)牛对冷热环境的适应性

牛的祖先为寒带动物,体积大,单位重量的体表面积小,虽有许多汗腺,但血液供应微弱,因而散热功能不发达,耐寒而不耐热,外界气温高于体温5℃,牛便不能长期生存。在高温环境下,公牛的精液品质与母牛的受胎率降低,食欲下降,反刍减少,消化功能明显降低,生产性能受到明显影响。因此,在生产实践中,防暑降温是保证热带地区奶牛高产的重要环节。

(二)奶牛的繁殖特性

牛为单胎动物,虽然也有双胎现象,但比较少见。当母牛怀异性双胎时,由于在母体子宫内雄性胎儿的激素通过胎膜血管吻合支进入雌性胎儿体内,抑制了雌性胎儿生殖系统的发育,致使绝大部分异性双胎的母犊不育。

荷斯坦母牛的初情期为6~10月龄,性成熟期为8~12月龄,初配年龄为14~18月龄,随品种、营养、饲养管理、气候等因素而有所不同。

荷斯坦母牛全年任何季节均可发情,发情周期为18~25天,平均21天,发情持续期平均为18小时。

牛的妊娠期平均为 280 天。

荷斯坦母牛的繁殖年限为 10～12 年。

(三)牛的采食特性

1. 采食特点　牛由于没有门齿，不能啃食过矮的草，牧草高度低于 5 厘米时，放牧的牛不易吃饱。

牛有竞食性，在自由采食时互相抢食，可提高牛的采食量。

牛的采食速度很快，在采食时不经过仔细咀嚼即将饲料咽下，很容易将混入饲料中的异物食入。由于牛胃的结构特点，如果将铁丝、钉子等尖锐异物吞咽进去，就会停留在网胃内。由于网胃离心脏较近，这些铁丝、钉子等异物很容易刺穿网胃壁和心包，引起创伤性网胃炎或心包炎。如果将尼龙绳、塑料袋（布）等异物吞食进去，也会产生严重的后果。因此，在牛的饲养管理中要特别注意饲草饲料的清杂，在牛可以接触到的环境内也不要有这些异物。另外，牛容易将萝卜等大的块状物吞咽而卡在食管中造成梗阻。

2. 采食时间　自由采食情况下，牛全天的采食时间为 6～8 小时，放牧牛的采食时间要长。当气温低于 20℃时，自由采食时间有 68％分布在白天；当气温超过 27℃时，白天采食时间相对减少；天气过冷时，采食时间延长。牛一天有 4 个采食高峰期，即日出前不久、上午的中段时间、下午的早期和近黄昏，且以日出前不久、上午的中段时间为主。

3. 采食量　牛的采食量与其体重密切相关，一般情况下，泌乳牛的干物质采食量为其体重的 3％～3.5％，干奶牛约为体重的 2％，生长牛为体重的 2.4％～2.8％。牛的采食量受许多因素的影响。饲料品质好时，采食量高；牛的生长期、妊娠初期、泌乳高峰期采食量高；环境温度较低时，牛的采食量增加；环境温度高于 27℃时，采食量下降。

(四)奶牛的行为学特性

1. 牛的排泄特性 牛的排粪和排尿在时间上基本没有规律,但总体来看,牛由静止状态转变为运动状态时排泄的几率较大,如由躺卧状态站起时排泄的几率很高,从站立状态转变为运动状态时排泄的几率也很高。另外,牛的排泄似乎还有群体现象,如一头牛排泄,其身边的牛可能也会随之排泄。牛排粪的地点是随机的,可以边行走边排粪,但总体来看,牛喜欢在比较清洁的地方排泄。

2. 好奇心强 牛的好奇心较强,而且越年幼的牛,这种表现越明显。当牛处于一个新的环境中时,首先会四处观察,探究新环境中的物体。无论是牛群中新来的牛、陌生人、还是新的物品,牛都会感到新奇。牛会向新的物体走去,看、听、闻、舔,对比较小且软的东西,甚至会嚼、吞。

3. 群居、仿效与争斗行为 奶牛的群居行为较弱,但喜欢三五成群,不喜欢独处,特别是群饲的牛突然单独分开后会有不安全感。牛对个体之间的距离不太敏感,但如果有足够的空间,牛与牛之间会保持一定的距离,不过度接近。

奶牛有一定的仿效行为,即牛群中如有一头牛做某事,其他牛会跟随。

奶牛的争斗性较小,特别是母牛。因此,在奶牛场很少发生激烈的争斗和由此产生的外伤。

4. 牛群的优势序列 规模化奶牛场中,一般采用分群管理。在同一牛群中,由于年龄、体型大小、体质强弱等因素,不同个体所处的地位不同,比较强壮的牛占据优势地位,有采食、饮水的优先权,而较弱的牛则处于被欺负的地位。牛群中每一头牛都有相应的等级位置,这就是牛群的优势序列。一个牛群的优势序列是通过一段时间的相互接触和作用(甚至是争斗)形成的,一旦形成一般不会轻易改变。因此,在奶牛的饲养管理中,应将年龄、强弱等方面比较接近的牛放在一个群内,牛群不宜轻易变动,牛群也不宜过大,因为过大的牛群建立优势序列所需的时间长,序列复杂,也更容易发生变化。

5. 牛与牛之间的交流方式 牛的听觉比较灵敏,听觉范围比人大,可以听到人所听不到的低音和高音。因此,声音是牛与牛之间进行交流的重要方式。牛的很多信息通过哞叫进行表达。在奶牛的饲养管理中应注意牛的叫声,获取信息。牛的嗅觉十分灵敏,可闻到10千米远的气味。牛的视野非常开阔,除了臀部后面,其他方位均可看到。但看不出颜色。

6. 训练 牛记忆力很好,建立条件反射的能力也很强,可以利用牛的这些特性对牛进行训练。有时奶牛良好的记忆能力也会给饲养管理带来不便。当某人因工作需要对牛施加了牛本身认为是对其进行伤害的行为时(如兽医的治疗操作),牛会记忆很长的时间,有机会甚至产生报复行为。有时某一地点或某一装置对牛造成了伤害,牛会始终记住这一事件。因此,饲养人员千万不要对牛有粗暴的行为。

二、营养知识

(一)奶牛消化生理

1. 奶牛消化系统的结构与功能 奶牛的消化系统由消化道和消化腺两部分组成,消化道是饲料通过的管道,起始于口腔,经咽、食管、胃、小肠、大肠,止于肛门。消化腺是分泌消化液的腺体,包括唾液腺、胃腺、胰腺、肠腺和肝脏。

(1)消化道

①口腔:口腔是消化道的起点,是采食的器官。口腔的作用是采食和咀嚼。咀嚼的作用是将饲料磨碎,同时使其与唾液混合,

形成食团，以利于吞咽。

成年牛有牙齿32枚，分为门齿（又称切齿）和臼齿，没有犬齿。下颌有门齿8枚，上颌没有门齿，由坚硬的齿板代替。成年牛有臼齿24枚，每侧上、下各6枚。

牛的牙齿有乳齿与永久齿之分。牛最先长出乳齿，随着牛的生长发育，乳齿脱落，被永久齿所代替。由于牛要采食大量的粗饲料，所以对牙齿的磨损较大，可以根据乳齿更换永久齿和永久门齿的磨损情况判断牛的年龄。

牛的舌较长，灵活而有力，采食时依靠舌将饲料卷入口内，以下颌门齿与上颌齿龈间的相对运动将饲草切断。

②瘤网胃：牛有4个胃，按前后顺序依次为瘤胃、网胃、瓣胃和皱胃。瘤胃、网胃和瓣胃统称为前胃，其黏膜没有腺体，皱胃能够分泌胃液，又称为真胃。

食物被吞咽后经过食管进入瘤网胃，其入口为贲门。贲门的后面为瘤胃，前下方为网胃。由于瘤胃和网胃连在一起，相互之间没有狭窄部分明显区隔，内容物可以相互交换，因此习惯上合称瘤网胃。成年牛的瘤胃很大，占据了腹腔的大部分。消化道中67%的内容物在瘤胃中。消化道食糜在瘤胃内停留20～48小时，相当于整个消化过程的一半时间。瘤胃壁由平滑肌组成，内表面有上千个指状突起，称瘤胃乳头。这些瘤胃乳头对瘤胃发酵的终产物挥发性脂肪酸的吸收有重要作用。瘤胃每50～60秒钟收缩1次。

网胃壁呈蜂巢状，对食糜具有筛分的作用，当网胃收缩时，将颗粒较大的食糜推向瘤胃，颗粒较小的食糜则通过网瓣胃口流入瓣胃。

③瓣胃：瓣胃在网胃之后，通过网瓣胃口与网胃相连。瓣胃由许多肌肉形成的叶片状结构组成，体积差不多有篮球那么大（成年奶牛），内容物较少，占全消化道食糜总量的5%左右。瓣胃的作用是吸收来自瘤网胃食糜中的水分和矿物质，以免进入真胃冲

淡与中和胃酸。

④皱胃：皱胃功能与单胃动物的胃相似，可分泌胃蛋白酶原、凝乳酶和盐酸，因此又称为真胃。胃蛋白酶原在酸性条件下可转化为胃蛋白酶，胃蛋白酶将饲料蛋白质降解为胨。凝乳酶可将液态的奶转变为固态，有利于消化。盐酸具有杀菌作用，能将食糜中的微生物杀死。

⑤小肠：小肠在皱胃的后面，以幽门与皱胃相接。小肠分为3个部分，即十二指肠、空肠和回肠。小肠的直径小，长度很长。胰腺的导管和胆管开口于十二指肠，来自胰腺的胰液和来自肝脏的胆汁由此进入小肠。小肠的功能是通过消化酶的作用将在胃内未被消化的饲料和来自瘤胃的微生物分解为小分子物质（单糖、氨基酸等）并吸收进入血液。

⑥大肠：大肠在小肠的后面，由盲肠、结肠和直肠构成。盲肠是大肠的第一部分，里面也存在一些微生物，对食糜具有发酵作用，但微生物的种类和数量没有瘤胃多，发酵作用没有瘤胃剧烈。由于大肠对营养物质的吸收能力较差，因而盲肠的发酵产物被吸收的程度不高，因此盲肠发酵在反刍动物的消化中作用不大。结肠可吸收水分和矿物质，形成粪便。直肠是消化道的最后部分，其主要功能是贮存粪便，最后经肛门排出。

(2) 消化腺　消化腺包括唾液腺、胃腺、胰腺、肠腺和肝脏，这些腺体分泌消化液参与消化。消化液的主要成分是消化酶、蛋白质、电解质和水。消化酶对消化起主要作用，电解质为消化酶的活性提供适宜的环境。

①唾液腺：唾液腺有3对，即腮腺、颌下腺和舌下腺。唾液是唾液腺分泌的混合物。牛的唾液呈碱性，pH为8.2，不含淀粉酶。牛的唾液分泌量很大，成年牛1昼夜的分泌量为100～200升。

唾液能湿润口腔和饲料，便于咀嚼和吞咽。唾液可为瘤胃提供水分，稀释瘤胃发酵过程中产生的酸。维持瘤胃内环境的稳定，对牛的消化具有重要作用。唾液能为瘤胃微生物提供氮源和钠、氯、磷、镁等矿物质元素，有利于瘤胃微生物的生长与繁殖。

②胃腺：牛的真胃黏膜分为贲门腺区、胃底腺区和幽门腺区。胃液是胃黏膜各腺体分泌的混合物，呈酸性，pH 为 0.5～1.5。胃液中与消化过程直接相关的成分是胃蛋白酶、凝乳酶和盐酸。胃蛋白酶刚分泌出来时没有活性，称胃蛋白酶原，在盐酸的作用下转化为胃蛋白酶，可将蛋白质分解为胨。凝乳酶可将乳中的酪蛋白原转变为酪蛋白钙，使奶凝固，从而在胃中停留更长的时间，以利于消化。盐酸除可将胃蛋白酶原转化为胃蛋白酶外，还具有杀菌作用。

③胰腺：胰液是由胰腺的外分泌部分分泌的消化液，通过导管排入十二指肠，在小肠中发挥消化作用。胰液呈弱碱性，含有碳酸氢根，其作用是中和真胃食糜的酸性。胰液中含有多种消化酶，包括胰蛋白分解酶、胰脂肪酶和胰淀粉酶等，主要分解饲料中的脂肪、淀粉和蛋白质。

④肝脏：胆汁由肝脏生成，贮存于胆囊内，在消化期间经由胆管排入十二指肠。胆汁的主要成分是胆酸盐，可促进脂肪的消化吸收。

⑤肠腺：肠腺分十二指肠腺和小肠腺两部分。主要分泌消化脂肪、蛋白质和糖类的酶。

2. 奶牛的消化生理特征 消化是指饲料中的大分子有机物在动物消化道内经物理的、化学的、微生物的作用，分解成简单的、可被动物吸收的小分子物质的过程。吸收是指饲料中的营养物质通过动物的消化道黏膜细胞进入血液循环的过程。

(1) 咀嚼 咀嚼是消化过程的第一步。采食和反刍时都必须经过咀嚼。咀嚼的作用是将饲料磨碎，使饲料的粒度减小，从而增加饲料与瘤胃微生物、消化液及消化酶作用的表面积。

咀嚼有利于将饲料与唾液混合，形成食团，吞咽进入瘤胃。

咀嚼促进唾液的分泌。牛唾液的分泌与咀嚼密切相关,而咀嚼活动又与饲料的物理性质有关。咀嚼的时间越长,唾液的分泌量越大。牛采食粗饲料时的咀嚼时间比采食精饲料时长很多,草的长度越长,咀嚼的时间越长。因此,牛的日粮中必须有足够的粗饲料,且粗饲料的长度不能过短,否则唾液的分泌量不足,导致瘤胃的酸度升高,严重时会发生瘤胃酸中毒。

(2) 反刍 反刍是瘤胃消化的重要特征。牛的采食速度很快,在采食时未经充分咀嚼就将食物匆匆咽下,在瘤胃内经浸泡软化后,比较粗糙的饲料颗粒经逆呕重返口腔,重新咀嚼后咽下,这一过程称为反刍。反刍对牛的消化非常重要,一方面可使较大的饲料颗粒变小,有利于消化;另一方面,提高了唾液的分泌总量,有利于维持瘤胃的正常内环境。

健康的成年牛,1昼夜反刍6～8次,每次反刍持续时间40～50分钟。牛群在休息时如有1/3以上的牛反刍则说明日粮的粗纤维含量充足。犊牛出生后3周开始吃草并出现反刍,如反刍停止或减弱则是患病的表现。

牛的反刍是在粗大的饲料颗粒刺激网胃壁时引发的,如果日粮中粗饲料过少或粗饲料切得过短均会减少反刍时间,影响瘤胃的内环境,因此饲养中应注意奶牛日粮的精、粗料比例和粗饲料的切割长度。

(3) 瘤胃发酵 瘤胃消化在反刍动物的整个消化过程中占有特别重要的地位。瘤胃相当于一个发酵罐,内含大量微生物,饲料在瘤胃中的消化实际上是微生物(通过所分泌的消化酶)对饲料的消化。饲料在瘤胃内的消化过程,又被称为瘤胃发酵。

瘤胃内含有的微生物主要包括细菌、原虫和真菌3类。每毫升瘤胃液中含有160亿～400亿个细菌和20万个原虫。

瘤胃微生物能将日粮中的纤维素、半纤维素和其他一些碳水化合物降解为挥发性脂肪酸,将非蛋白氮和瘤胃降解蛋白质分解为氨,并进一步合成微生物蛋白。瘤胃细菌还可合成 B 族维生素和维生素 K,将饲料中一些有毒有害物质分解,减轻或完全消除对牛的不利影响。

瘤胃微生物消化的饲料产物(如挥发性脂肪酸和氨)一部分被瘤胃壁吸收,一部分被瘤胃微生物自身利用,作为自身生长繁殖的原料。没有被瘤胃微生物消化的饲料和部分瘤胃微生物一起从瘤胃中排出,进入后面的消化道,被牛进一步消化、吸收。

奶牛日粮中有很大一部分饲料在瘤胃中被消化。瘤胃对饲料的消化是靠瘤胃微生物完成的,因此瘤胃微生物的生存条件对瘤胃消化具有重要影响。瘤胃内环境包括 pH、温度和厌氧 3 个主要方面,正常范围分别为 pH 5.5~7,温度 39℃~40℃。在奶牛饲养管理中应注意维持瘤胃内环境的稳定,如应避免一次性饮水过多或水温过低,否则会导致瘤胃内温度的急剧下降。日粮中精饲料比例过高会使瘤胃 pH 降低。值得特别注意的是,对于奶牛来讲,使用抗生素要非常慎重,除了抗生素很容易在牛奶中残留以外,广谱抗生素会杀灭瘤胃微生物,特别是口服给药时。

瘤胃微生物的种类和数量会因饲料的不同而发生改变。在生产中,应注意不要频繁改变牛的日粮,改变日粮时要循序渐进,给瘤胃微生物一个适应的过程,否则会发生瘤胃消化功能的紊乱。

(4)嗳气 饲料在瘤胃中发酵会产生多种气体,主要是二氧化碳、甲烷和氨气等。这些气体刺激瘤胃壁的压力感受器,引起瘤胃由后向前收缩,压迫气体经食管由口腔排出,这一过程称嗳气。在嗳气过程中,部分气体会通过喉头转入肺,其中某些气体被吸收进入血液,可能影响牛奶的气味。另外,嗳气排出的甲烷是饲料能量的损失。牛平均每小时嗳气 17~20 次。

(5)食管沟反射 食管沟是牛网胃壁上自贲门向下延伸到网瓣胃口的肌肉皱褶。在犊牛期,当牛受到与吃奶有关的刺激时食管沟闭合,形成一中空闭合的管道,将奶绕过瘤胃和网胃,直接进入皱胃进行消化,此过程称为食管沟反射。食管沟反射避免了牛奶进入瘤胃产生消化障碍。在人工哺乳时应注意不要让犊牛吃奶过快,从而超过食管沟的容纳能力,导致牛奶进入瘤胃,引起不良发酵。在人工哺乳时要定时、定人、定量,以保持犊牛良好的食管沟反射。

(6)消化道的运动 牛的整个消化道始终处于不停的运动之中。消化道的运动是保证正常消化与吸收的基本条件。大部分消化道的运动是蠕动,是消化道不同部位的平滑肌按一定顺序有规律地、间歇性地缓慢收缩和松弛行为。蠕动的作用主要是将消化道内容物进行充分的混合,使饲料及消化产物能够与消化液(消化酶)及消化道黏膜有良好的接触,从而保证消化液和消化酶及微生物对饲料充分发生作用,使消化产物及时、充分地被消化道黏膜吸收;对食糜有一定程度的研磨作用;使消化道内的食糜不断向后部推进,在不同的部位完成不同的消化过程,最终排出体外;使消化道内的环境(如温度、渗透压、pH 等)均匀稳定。

消化道的另一类运动是括约肌的紧张与松弛。在消化道的有些部位(如贲门、幽门、肛门等处)有括约肌,在其处于松弛状态时,允许消化道内容物通过,反之则不能通过。括约肌的作用是保证消化道内容物只能从前向后单方向地运行而不能逆行。

消化道的蠕动具有一定的自主节律性,这种节律性如同心脏的跳动一样不需要大脑的主观支配。消化道的蠕动也受消化道内容物的刺激和与采食有关活动的反射性调节。如粗糙的食糜及消化产物浓度的增加可使消化道的蠕动增强;动物看到饲料或咀嚼行为也能反射性地使消化道的蠕动增强。消化腺的分泌与消化液的排出也受消化道内容物和消化活动的反射性调节。消化功能的异常往往由消化道运动的紊乱和消化腺分泌的紊乱引起。

（二）奶牛所需营养物质及消化吸收

奶牛的生存和生产需要各种不同的营养物质。饲料是奶牛所需各种不同营养素的主要来源。饲喂奶牛的目的就是通过饲料为牛提供所必需的营养物质。奶牛将所采食饲料中的各种营养物质通过一系列物理的、化学的和微生物的作用，转化为能被自身所利用的营养素的过程称为消化与吸收。饲料中所含的主要营养素包括水、蛋白质、碳水化合物、脂肪、矿物质和维生素。

1. 水 水是动物机体和产品的主要成分。幼龄动物机体的70%～80%是水分，成年动物机体的50%～60%是水分，牛奶中85%以上是水分。水是一种理想的溶剂和一切化学反应的介质。动物体内各种营养物质的消化、吸收、运输和代谢产物的排出都必须溶解于水中才能进行。水的比热大、导热性好、蒸发热高，在动物体温调节中具有非常重要的作用。水是一种润滑剂，对减小关节和器官间的摩擦具有重要作用。

奶牛对水的需要量与采食量、产奶量和环境温度密切相关。牛每采食1千克饲料干物质约需4升水。日产奶量10升，需水量45～50升，日产奶量40升，需水量100～110升。高温环境使奶牛的需水量增加。

奶牛具有根据自身需水量调节饮水行为的能力，因此在奶牛生产中通常采用提供充足的水源和自由饮水条件来满足奶牛对水的需求。要特别注意奶牛饮水的质量必须符合畜禽饮用水卫生标准。为了保证奶牛饮水的质量，应尽量避免使用地表水，尽可能地使用深层地下水。

2. 蛋白质 蛋白质是由氨基酸组成的一类数量庞大的物质，是机体的重要组成部分，在生命过程中起着非常重要的作用。

（1）蛋白质的营养功能 蛋白质是形成机体新组织、更新旧组织和修补破损组织的原料。动物体许多组织如肌肉、肝脏等的主要成分是蛋白质,这些组织的生长、更新和修补均需要以蛋白质为原料,其他物质如脂肪、碳水化合物等无法替代。动物的许多生命活动和代谢过程是在酶的催化和激素的调解下进行的。动物体对各种疾病的免疫和防御功能是通过抗体实现的。蛋白质是组成酶、激素和抗体的主要成分。蛋白质是形成各种畜产品的重要原料。如牛奶干物质中含蛋白质约25%。在动物体内,蛋白质可直接分解供能,也能转化为糖和脂肪供机体代谢所需。

(2)蛋白质的消化与吸收　在动物营养学中,一般所说的饲料蛋白质是指饲料的粗蛋白质,即饲料中所含的氮乘以6.25所得到的数值。饲料中的粗蛋白质包括真蛋白和非蛋白氮两部分。

饲料粗蛋白质进入瘤胃后,一部分被瘤胃微生物的蛋白酶降解为肽和氨基酸,氨基酸在微生物脱氨基酶的作用下分解为氨、二氧化碳和有机酸,此部分蛋白质称瘤胃降解蛋白,包括真蛋白质中可被瘤胃微生物降解的部分和全部非蛋白氮;另一部分饲料蛋白质在瘤胃中没有被降解,称瘤胃非降解蛋白,或过瘤胃蛋白。不同饲料的瘤胃降解蛋白和非降解蛋白之间比例不同,且变化很大。

瘤胃降解蛋白降解产生的氨一部分作为瘤胃微生物生长繁殖的氮源,合成瘤胃微生物自身的蛋白质。没有被瘤胃微生物利用的氨由瘤胃壁吸收,经门静脉进入肝脏合成尿素。合成的尿素一部分随唾液或经瘤胃壁重新进入瘤胃被重新利用,这一过程称瘤胃的氮素循环;而另一部分尿素经肾脏随尿液排出体外。

饲料蛋白质中没有在瘤胃降解的部分(过瘤胃蛋白)由网瓣胃口排出瘤网胃,经瓣胃进入真胃和小肠,在一系列消化酶的作用下分解为小肽和氨基酸后被吸收。

瘤胃微生物利用碳水化合物发酵所释放的能量和瘤胃降解蛋白分解产生的氨为营养不断生长繁殖,数量不断增加。与此同时,一部分瘤胃微生物随食糜不断排出瘤胃,进入真胃和小肠。瘤胃微生物主要由蛋白质组成,称瘤胃微生物蛋白。瘤胃微生物进入真胃后首先被胃酸杀死,随后与饲料中未在瘤胃降解的非降解蛋白一同经一系列消化酶的作用下最终分解为小肽和氨基酸,被小肠吸收。

(3)饲料蛋白质的质量与利用率　饲料蛋白质被消化后大部分以氨基酸的形式被吸收,在动物体内被重新合成蛋白质,形成动物机体组织或产品。动物机体或动物产品中氨基酸的组成与饲料蛋白质氨基酸组成并不一致。如果动物所吸收的氨基酸种类及相互之间的比例与动物的需要相同或相近,那么大部分氨基酸能够被动物所利用。否则,不能被利用的氨基酸就会被动物分解氧化后排出体外,造成蛋白质的浪费。饲料蛋白质的质量就是指其能够满足动物对氨基酸需要的能力。

构成植物体蛋白质的常见氨基酸有20种,植物体可合成全部所需的氨基酸。动物体自己不能全部合成所需氨基酸。根据动物自身的合成能力,将氨基酸分为必需氨基酸和非必需氨基酸两大类。

必需氨基酸:畜禽体内不能合成或合成的数量不能满足畜禽正常生命活动和生产需要,而必须由饲料来提供的氨基酸。

非必需氨基酸:畜禽体内能够合成,而不必由饲料来提供的氨基酸。

动物性饲料中必需氨基酸一般比较完全。植物性饲料一般较易缺乏赖氨酸和色氨酸。反刍动物瘤胃微生物可合成各种氨基酸,但需要饲料中提供原料。由于奶牛瘤胃微生物能合成氨基酸,因此划分的实际意义不大。

限制性氨基酸:畜禽在不同的生理状态和生产水平下对不同必需氨基酸的需要量不同,饲料中某种氨基酸含量低于动物需要的比例,就会影响其他氨基酸的利用,这种氨基酸叫限制性氨基酸。

限制性氨基酸的种类是针对某种饲料而言的,并随畜禽种类及生理状态而不同。有时限制性氨基酸可能不止一种。奶牛的第一限制性氨基酸为蛋氨酸,第二限制性氨基酸为赖氨酸。

3. 碳水化合物　碳水化合物是植物性饲料的重要组成部分,在植物性饲料和奶牛日粮中其含量都在50%以上,其主要作用是为动物提供能量。

碳水化合物可分为淀粉、可溶性糖和粗纤维。淀粉和可溶性糖易被消化,而粗纤维单胃动物几乎不能消化,反刍动物可部分消化。

植物种类、生长阶段、植株部位对碳水化合物各组分及比例影响很大。幼嫩植物的粗纤维含量较低,淀粉、可溶性糖含量较高。随着植物的成熟与老化,植株的纤维含量不断增加,木质化程度不断提高,可溶性组分不断减少,营养价值逐渐降低。在成熟的植物植株中,不同碳水化合物组分的分布极不均衡,淀粉主要集中于籽实内,粗纤维主要集中于茎秆和种皮中。

(1)碳水化合物的营养功能　葡萄糖是许多组织代谢的主要能源,也是形成动物产品的重要原料,如牛奶中的乳糖就是以葡萄糖为原料在乳腺中合成的。葡萄糖还可形成糖原作为能源的贮备,还是合成非必需氨基酸的原料。此外,某些寡糖、糖苷、糖蛋白在动物体内还具有特殊的生理作用。

纤维素、半纤维素可被瘤胃微生物分泌的消化酶消化,以挥发性脂肪酸的形式被吸收,作为能量的来源。粗纤维可刺激瘤网胃壁,促进反刍,增加唾液分泌,维持瘤胃正常的pH,防止瘤胃酸度过高,避免发生酸中毒。粗纤维能刺激消化道蠕动,有利于消化道食糜的排空;对消化道具有填充作用,使动物产生饱感;还可促进幼龄反刍动物瘤网胃的发育。挥发性脂肪酸包括乙酸、丙酸和丁酸,乙酸是合成乳脂肪的原料,如果奶牛日粮中纤维含量不足,乳脂率会降低。因此,纤维对于奶牛的健康和牛奶的质量都是非常重要的。

第二章 奶牛饲养员须具备的基础知识

(2)碳水化合物的消化与吸收 反刍动物对碳水化合物的消化与吸收主要包括两个过程,其一为前胃消化,其二为小肠消化,且以前胃消化为主,小肠消化为辅。前胃消化的终产物为挥发性脂肪酸(主要包括乙酸、丙酸、丁酸),小肠消化的终产物为葡萄糖。

①前胃消化:碳水化合物在前胃的消化实际上是瘤胃微生物对碳水化合物的消化。瘤胃内生存着种类繁多的、数量巨大的微生物,其中很多微生物能够分泌消化各种碳水化合物的酶类,这些酶类可将饲料中的可溶性碳水化合物、纤维素和半纤维素逐步分解为挥发性脂肪酸、二氧化碳和甲烷。挥发性脂肪酸经由瘤胃壁吸收进入血液,参与代谢。二氧化碳和甲烷则通过嗳气排出体外。

挥发性脂肪酸中乙酸、丙酸和丁酸之间的比例随碳水化合物种类而不同。当日粮中精饲料比例较高时,丙酸的比例增加;当日粮中粗饲料比例较高时,乙酸的比例增加。

甲烷的产生与排出不但是碳水化合物在瘤胃发酵过程中的一种能量损失,而且还是一种温室气体,对臭氧层具有很大的破坏作用,因此在奶牛饲养中应采取适当措施降低甲烷的产生与排出。

②小肠消化:部分没有在瘤胃中消化的碳水化合物进入小肠后在胰液、肠液中的一系列酶的作用下最终分解为葡萄糖后被吸收。

反刍动物对饲料碳水化合物的消化主要在前胃,消化的主要终产物为挥发性脂肪酸,而在小肠中消化的碳水化合物很少,因而从消化道中直接吸收的葡萄糖极为有限。反刍动物所需要的葡萄糖主要通过体内的糖原异生作用产生,其主要原料为丙酸,其次为生糖氨基酸。

4. 脂类 脂类是一类不溶于水,但溶于乙醚、苯、氯仿等有机溶剂的物质,常规饲料分析中称为粗脂肪,主要包括甘油三酯、蜡质、磷脂、鞘脂、糖脂、脂蛋白等。粗脂肪主要存在于植物籽实和动物脂肪组织中。

甘油三酯是由 1 个甘油和 3 个脂肪酸结合在一起形成的，甘油三酯的性质主要取决于脂肪酸的性质。脂肪酸分为饱和脂肪酸和不饱和脂肪酸。

脂肪酸中亚油酸（十八碳二烯酸）、α-亚麻油酸（十八碳三烯酸）和花生油酸（二十碳四烯酸）对于维持动物正常功能和健康具有重要作用。但亚油酸和 α-亚麻油酸在动物体内不能合成，花生油酸虽然可在动物体内合成，但合成的数量极为有限，因此均需由饲料来提供，称必需脂肪酸。

甘油三酯中的甘油与脂肪酸碳链之间的连接很容易通过水解作用而分开，转化为甘油和脂肪酸。

(1) 脂类的营养功能　脂类是机体重要的供能物质和最好的能量贮存方式。脂类所含能量是相同重量碳水化合物或蛋白质的 2.25 倍。磷脂和糖脂是细胞膜的重要组成成分，对维持细胞膜的功能具有重要作用。脂类是脂溶性维生素的溶剂，脂溶性维生素需溶解于脂类中才能被吸收。脂类是畜产品的重要组成成分，如牛奶干物质中含有约 30% 的乳脂肪。亚油酸、亚麻油酸和花生油酸是必需脂肪酸，动物体内不能合成，需由饲料中的脂类来提供。

(2) 脂类的消化与吸收　甘油三酯进入瘤胃后首先在微生物的作用下发生水解反应，生成游离脂肪酸和甘油。大部分不饱和游离脂肪酸在瘤胃内发生氢化反应，转化为饱和脂肪酸。甘油则大部分被转化为挥发性脂肪酸。未被瘤胃微生物水解的甘油三酯进入小肠后在胆汁和各种脂肪酶的作用下分解为甘油和游离脂肪酸，被小肠吸收，在小肠黏膜中转化为甘油三酯后进入血液进行代谢。

5. 矿物质　现已知在动物体内生理与代谢过程中所必需的矿物质元素有 19 种，根据各矿物质元素占畜禽体重的百分比，可将这些必需的矿物质元素分为常量元素和微量元素两类。占畜禽体重 0.01% 以上的为常量元素，包括：钙、磷、钠、钾、氯、镁、硫。

占畜禽体重 0.01% 以下的为微量元素，包括：铁、锌、铜、锰、碘、硒、钴、钼、氟、铬、硼。

(1) 矿物质的营养功能　矿物质是构成畜禽体组织的重要成分。机体的各种组织都含有矿物质元素，有些组织的矿物质含量非常高，如骨骼、牙齿的主要成分是钙和磷。

有的矿物质元素（如锌、锰、铜、硒）是酶的组成成分，有的矿物质元素（如镁和氯等）是酶的激活剂，参与体内的物质代谢。有的矿物质元素（如碘）是激素的组成成分，参与体内代谢的调节。有的矿物质元素参与血液、淋巴液渗透压的调节，如磷是血液酸碱缓冲系统的重要组成成分。

矿物质是畜产品的组成成分。牛奶中矿物质含量约占干物质的 5.8%，其中钙的含量特别丰富，而且容易被吸收。

(2) 矿物质的缺乏与过量　虽然动物对矿物质的需要量及饲料中的矿物质含量并不高，但其作用非常重要，缺乏或不足会引起动物体内代谢的异常和生化指标的改变，进而影响动物的健康和生产性能，此现象称矿物质缺乏症。例如，犊牛缺钙会导致骨骼发育不良，产生佝偻病，成年母牛缺钙容易发生骨折；在泌乳早期由于钙的吸收能力降低，奶中排出大量的钙，常引发血钙降低，是产后瘫痪的主要原因。

有些矿物质元素在饲料中含量较低时是必需元素，但在含量过高时又是有毒有害元素。例如，硒是一种重要的微量元素，如果缺乏会对心肌和骨骼肌造成损害。奶牛对硒的需要量很低，只有 0.1 毫克/千克。但硒又是一种有毒的元素，奶牛日粮中的硒含量超过 0.5 毫克/千克时奶牛就会中毒。大多数必需矿物质元素在摄入量过多时都会出现不良反应或中毒，此现象称矿物质过多症或中毒症。不同动物对不同矿物质元素的缺乏和过量的敏感程度不同，因此，每一种矿物质元素对不同的动物都有需要量、耐受量和中毒量 3 个指标。不同矿物质元素在需要量和中毒量之间的差别很大,有的仅相差几倍,有的相差几十倍或几百倍。

(3)矿物质的来源与供给　动物所需要的矿物质有两个来源,即饲料和饮水。天然植物性饲料中的矿物质来源于其生长的土壤和水。不同矿物质在土壤和水源中的分布并不均衡,如内陆地区的土壤和水中碘的含量较低,一些地区的土壤中明显缺硒,产于这些地区的植物性饲料的碘含量或硒含量也偏低,动物以产于这些地区的植物性饲料为日粮的主要组分时,就容易发生缺乏症。某些元素在土壤或水源中含量过高也会导致其过多症或中毒症,如地区性氟中毒就是典型的例子。因此,在奶牛饲养中,应对饲料原料的来源(产地)有所了解,对奶牛场所处地点的土壤和水源的矿物质丰度有所了解,对于饲料中含量较低、不能满足奶牛需要的矿物质元素应采用适当方法进行补充。

6. 维生素　维生素是维持畜禽正常生理功能所必需的而需要量又极少的一类低分子有机物质。

目前已确定的维生素有14种,根据其溶解性分为脂溶性维生素和水溶性维生素两大类。脂溶性维生素只能溶解在脂类中,而不溶于水。脂溶性维生素包括维生素 A、维生素 D、维生素 E 和维生素 K。

维生素 A:有视黄醇、视黄醛、视黄酸3种衍生物,以视黄醇效价最高;胡萝卜素是其前体,而以 β-胡萝卜素活性最强。

维生素 D:有维生素 D_2 和维生素 D_3 2种形式,前者称麦角固醇,后者称 7-脱氢胆固醇。

维生素 E:又称生育酚,有 α,β,γ,δ 4种活性形式,而以 α-生育酚活性最高。

维生素 K:天然存在的有维生素 K_1、维生素 K_2 2种活性形式,前者称叶绿萘醌,后者称甲基萘醌,二者活性相当。

脂溶性维生素单位一般以国际单位(IU)来表示。

水溶性维生素只能溶解在水中,包括维生素 B_1(硫胺素)、维

第二章 奶牛饲养员须具备的基础知识

生素 B_2(核黄素)、泛酸(遍多酸)、维生素 B_5(烟酸或尼克酸,维生素 P)、维生素 B_6(有吡哆醇、吡哆醛、吡哆酸 3 种形式)、生物素、叶酸、维生素 B_{12}(钴胺素)、胆碱和维生素 C(抗坏血酸)。维生素 B_1、维生素 B_2、泛酸、维生素 B_5、维生素 B_6、生物素、叶酸和维生素 B_{12} 又称 B 族维生素。

水溶性维生素单位一般用毫克来表示。

(1)**维生素的生理功能** 维生素主要以辅酶和催化剂的形式参与体内代谢和化学反应,从而保证机体组织器官、细胞结构的完整和功能的发挥,维持动物的健康和正常的生产。动物维生素缺乏或过量都会导致代谢紊乱,产生一系列缺乏症或中毒症,不但会影响生产性能,还会对健康造成损害。

(2)**维生素的来源与供给** 奶牛需由日粮补充的维生素主要有维生素 A、维生素 D、维生素 E,高产奶牛还需补充烟酸。反刍动物瘤胃微生物可合成 B 族维生素和维生素 K,不必由饲料供给。但维生素 B_{12} 的合成需要钴为原料,如果日粮中钴含量不足,则维生素 B_{12} 的合成就会受阻,产生缺乏症。瘤胃功能尚未发育完全的幼龄反刍动物不能在瘤胃中合成足够的 B 族维生素和维生素 K,应在日粮中供给。维生素的需要量与动物所处的生理阶段和生产状态及环境条件有关,如在一般情况下瘤胃微生物合成的维生素 B_5 能够满足奶牛的需要,但当产奶量很高时,瘤胃微生物合成的维生素 B_5 则不能满足需要。

脂溶性维生素必须有脂肪的存在才能被吸收,因此日粮中脂肪严重缺乏时会导致缺乏症的产生。脂溶性维生素可贮存于体内的某些组织器官中,因此不必每日提供。过量摄入维生素可引起中毒。除维生素 B_{12} 外,水溶性维生素几乎不能在体内贮存,因此对于需要由日粮中提供水溶性维生素的幼龄反刍动物必须经常性供给,否则短期内即可出现缺乏症状。水溶性维生素很容易从动物体内排出,因此不容易出现因摄入过量而引起中毒的情况。

7. 营养物质在畜禽体内的相互关系 在动物体内营养素之间存在着某种特定的关系,为了提高饲料利用率,应了解这些关系并正确运用在日粮配制中。各营养素之间的关系可概括为以下几类。

(1)相互协同 某些营养素对另一些营养素的消化、吸收和利用具有促进作用。如维生素 D 可促进钙、磷、镁的吸收。反之,当维生素 D 不足时,即使日粮中的钙含量能够满足需要,也容易发生钙的缺乏症。

(2)相互转化 在动物体内,某些营养素之间可以相互转化。如蛋氨酸在畜禽体内可转化为胱氨酸和半胱氨酸,但不能发生逆方向的转化。

(3)相互拮抗 即某种营养素的过量会干扰其他营养素的吸收与利用。如日粮中钙含量过高则会降低锌的吸收和利用率。

(4)相互替代 在动物体内,某些营养素的功能相似或相近。如硒和维生素 E 都有抗氧化功能,因此它们可互为补充、互为代替。

(三)奶牛的营养需要与饲养标准

营养需要是指动物在最适宜的环境条件下,正常、健康地生长或达到某一生产性能水平时对各种营养物质的最低需求。

饲养标准是根据大量饲养试验的结果和动物生产实践的经验总结,对各种特定动物所需要的各种营养物质的定额做出的规定。

营养需要是制定饲养标准的基础。饲养标准是营养需要的总结与系统化和标准化,是配制日粮的科学依据。

国际上典型的饲养标准包括序言、研究综述、营养定额(营养需要量)、饲料营养价值、典型日粮配方和参考文献 6 个部分。我国饲养标准与国外有所不同,只包括序言、营养定额和饲料营养价值 3 个部分。营养定额和饲料营养价值是饲养标准的核心。

第二章 奶牛饲养员须具备的基础知识

饲养标准中的营养定额实际上是标准化了的营养需要量。我国奶牛饲养标准中的营养需要量指标包括能量、蛋白质、矿物质、维生素、纤维和干物质采食量。

在我国奶牛饲养标准中,营养需要量被分为两个部分。即,维持需要,指奶牛在不产奶、不妊娠、不生长(维持体重不变)的情况下,维持身体健康时所需要的能量及其他营养物质的量,即奶牛维持正常生命活动所需要的能量和营养物质的最低量;生产需要,在满足维持需要的前提下,用于各种不同生产目的所需的能量及营养物质的量,其中又可分为生长需要、妊娠需要和产奶需要。

营养需要以奶牛每日每头的营养需要为计算和最终表达单位,即奶牛每一种营养物质的维持需要和生产需要的总和。如成年妊娠泌乳母牛的能量需要是维持能量需要、产奶能量需要和妊娠能量需要的总和;蛋白质需要是维持蛋白质需要、产奶蛋白质需要和妊娠蛋白质需要的总和。

奶牛营养需要有两种表示方法,一是营养需要的计算公式,二是由公式计算出来的营养需要量表。

1. 能量需要 动物的全部新陈代谢过程以及所有活动都需要消耗能量,就如同汽车行驶需要汽油一样。奶牛的生长、妊娠、产奶也都需要能量。

奶牛所需的能量全部来自于饲料,饲料中所含的碳水化合物、脂肪和蛋白质三大营养素是能量的主要来源。碳水化合物在常规饲料中含最高,来源丰富,是最经济、最重要的能量来源。脂肪的有效能值约为碳水化合物的 2.25 倍,但在植物性饲料中含量较低。蛋白质在动物体内不能完全氧化,用作能源的利用效率较低,加之蛋白质饲料价格较高,因此不宜作为能量的来源使用。

饲料能量在动物体内的转化可总结为图 2 所示。

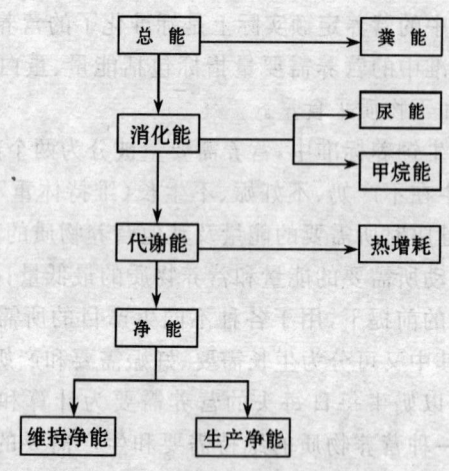

图 2 动物体内能量的转化

能量的单位是卡或焦耳(焦)。二者之间转换关系是：

1 卡 = 4.184 焦

目前上述两种单位在生产中都用。由于卡和焦单位太小，常使用以下单位：

1 千卡(kcal) = 1 000 卡(cal)

1 兆卡(Mcal) = 1 000 千卡(kcal)

1 千焦(KJ) = 1 000 焦(J)

1 兆焦(MJ) = 1 000 千焦(KJ)

我国奶牛饲养标准中能量体系采用产奶净能为单位。分为维持能量需要、产奶能量需要、生长能量需要、妊娠能量需要。

2. 蛋白质需要 根据我国目前奶牛蛋白质营养研究与奶牛生产的实际情况，我国奶牛饲养标准使用饲料可消化粗蛋白质和小肠可消化粗蛋白质两种表达方式。

小肠可消化粗蛋白质指到达小肠的可消化粗蛋白质。小肠可消化粗蛋白质与饲料可消化粗蛋白质之间的主要差别在于前者考

第二章　奶牛饲养员须具备的基础知识

虑了饲料粗蛋白质在奶牛瘤胃内降解和瘤胃微生物蛋白合成的过程,更符合奶牛蛋白质消化与代谢的实际情况,因而也更加精确。

蛋白质营养需要单位用克表示。分为维持需要、产奶需要、生长需要、妊娠需要。

3. 矿物质需要　常量元素需要量用克表示,微量元素需要量以毫克表示。主要常量元素有钙、磷、钠、氯,微量元素有铜、铁、锰、锌、碘、硒、钴。常量元素主要添加在精补料中,钙、磷比例以 1.3～2∶1 时吸收最好。微量元素以添加剂预混料的形式添加。

4. 日粮干物质采食量和纤维含量

(1)干物质采食量　动物在单位时间内能够采食的饲料(日粮)量是有限的,这个限度就是干物质采食量。动物所需要的各种营养素必须包含于干物质采食量以内,不然就不能满足动物的营养需要。

影响奶牛干物质采食量的因素很多,如体重、产奶量、泌乳阶段、饲料能量浓度、日粮类型、饲料类型、饲料加工、饲养方法、气候等。

(2)纤维含量　奶牛是反刍动物,为了保持正常的消化功能,配合日粮时应考虑纤维含量,纤维含量过低,往往会影响瘤胃的消化功能,含量过高则达不到所需的能量浓度。我国奶牛饲养标准规定,奶牛日粮的粗纤维含量不能低于 17%。

(四)奶牛常用饲料的营养特性与使用

饲料是指畜禽喜食,并能提供畜禽所需的营养物质而不发生毒害作用的物质。饲料种类繁多,功能与特点各异,为了使用上的方便,人们根据饲料的功能与特点将其分为不同的类别,包括:能量饲料、蛋白质饲料、粗饲料、青绿饲料、青贮饲料、矿物质饲料、维生素饲料和添加剂饲料等。

1. 能量饲料　能量饲料是指在干物质中粗纤维含量低于

18%,同时粗蛋白质含量低于20%的饲料,包括谷实类,糠麸类,草籽、树实类,淀粉质的块根块茎和瓜果类等饲料。能量饲料的最大特点是能量含量高。

(1)谷实类饲料　谷实类饲料主要包括玉米、小麦、大麦、高粱、燕麦、稻谷等。其主要特点是:无氮浸出物含量高,一般占干物质的40%~50%,其中主要是淀粉。粗纤维含量低,一般在10%以下。适口性好,可利用能量高。粗脂肪含量在3.5%左右,粗蛋白质含量低,一般在10%左右,而且缺乏赖氨酸、蛋氨酸和色氨酸。钙及维生素A、维生素D含量不能满足牛的需要,钙低磷高,钙、磷比例不当。

玉米被称为"饲料之王",是奶牛最重要的能量饲料,其特点是含能量最高,黄玉米中胡萝卜素含量丰富,蛋白质含量为9%左右,缺乏赖氨酸和色氨酸,钙、磷含量低,且比例不合适。玉米是奶牛精料补充料中用量最大的组分,其比例一般为45%~55%。

高粱因含有单宁,适口性差,饲喂奶牛容易引起便秘,且播种面积小,来源有限,很少作为奶牛的能量饲料。小麦和稻谷均可作为能量饲料饲喂奶牛,但其效果均明显低于玉米,在有玉米的情况下一般不用其作奶牛饲料。

(2)糠麸类饲料　糠麸类饲料为谷实类饲料的加工副产品,主要包括麸皮和稻糠以及其他糠麸。其特点是除无氮浸出物含量较少外,其他各种养分含量均较其原料高。有效能值低,含钙少而磷多,含有丰富的B族维生素和维生素E。

麸皮主要指小麦麸,因为大麦麸极少,其营养价值因麦类品种和出粉率的高低而变化。小麦麸粗蛋白质含量为14%~16%,粗纤维含量为10%~12%,能值较低,磷含量高于钙含量。麸皮具有轻泻作用,质地膨松,适口性好,是奶牛日粮中必不可少的组分,一般占精料补充料的10%~20%。

2. 蛋白质饲料　蛋白质饲料是指干物质中粗纤维含量低于

第二章 奶牛饲养员须具备的基础知识

18%,粗蛋白质含量 20%以上的饲料,包括豆类、饼粕类、动物性饲料等。在奶牛日粮中应用最多的蛋白质饲料是油类籽实经提取油脂后的饼粕类,粗蛋白质含量一般为 30%～50%。其营养价值既与原料本身的特性有关,也与提炼油脂的工艺有关。常用的榨油工艺基本分为两类,即机械压榨和溶剂浸提。机械压榨工艺产生的残留物称饼,溶剂浸提工艺产生的残留物称粕。由于浸提工艺较压榨工艺先进,出油量高,因此一般粕比饼的蛋白质含量高,脂肪含量低。随着经济和技术的发展,榨油工艺的提高,饼的数量越来越少,大有逐渐被粕取代的趋势。常用的饼粕类蛋白质饲料包括豆粕、棉籽粕、菜籽粕、花生粕和玉米胚芽粕。

在奶牛日粮中经常使用的另一类蛋白质饲料是未经榨油工艺处理的油料作物籽实。与饼粕相比,籽实的粗蛋白质含量低,脂肪含量高。直接使用油料籽实的目的是提高日粮的能量浓度和过瘤胃蛋白质的数量。在奶牛泌乳高峰期,日粮能量往往不能满足需要,添加脂肪对瘤胃微生物具有一定的负面影响,会干扰瘤胃微生物对饲料纤维的消化,而油料籽实可以部分通过瘤胃而在真胃和小肠中消化,因而不会对瘤胃微生物产生不利影响,其中的蛋白质和脂肪可有效利用。奶牛生产中常用的油料籽实为棉籽和膨化大豆。

(1) 大豆饼粕　大豆饼粕是迄今为止使用最为广泛、用量最大、质量最好的植物性蛋白质饲料:大豆饼的粗蛋白质含量约为 40%,大豆粕的粗蛋白质含量约为 44%。大豆饼粕适口性好,消化率高,质量稳定,有毒有害物质基本在加工过程中被灭活,是奶牛日粮中必不可少的组成成分。大豆饼粕的惟一缺点是蛋氨酸含量较低,而蛋氨酸是泌乳母牛的第一限制性氨基酸。

大豆饼粕具有优良特性,是畜禽日粮重要的蛋白质原料,因而价格很高,在奶牛生产中的使用受到一定的限制。

(2) 棉籽(仁)饼粕　棉籽是棉花的籽实。棉籽外面包被一层很厚的壳,壳外还附有棉绒。在脱壳后进行榨油得到棉仁饼粕,不脱壳直接进行榨油得到棉籽饼粕。棉籽饼粕的粗蛋白质含量低,约为22%,粗纤维含量高,约为18%。脱壳程度影响棉仁饼粕的营养成分,脱壳比较完全的棉仁饼粕粗蛋白质含量约为40%。棉籽(仁)饼粕的缺点是赖氨酸含量低而精氨酸含量高。

棉籽(仁)饼粕中含有游离棉酚,对动物有毒害作用,在单胃动物日粮中的使用受到限制,因而价格较低。反刍动物瘤胃微生物可分解游离棉酚,并有一定的耐受性,因此在奶牛日粮中使用部分棉籽(仁)饼粕,可降低饲养成本。但瘤胃微生物对游离棉酚的降解有一定的限度,因而奶牛精料补充料中含量不要超过15%,以10%以下为宜。

(3)菜籽饼粕 菜籽饼粕是油菜籽榨油的副产品,饼的粗蛋白质含量约为35%,粕的粗蛋白质含量约为38%。菜籽饼粕蛋氨酸含量高而精氨酸含量低,因而与棉籽(仁)饼粕及大豆饼粕配合使用,可发挥氨基酸的互补作用,提高日粮氨基酸的平衡。

菜籽饼粕中含有一些有毒有害物质,如硫葡萄糖甙、异硫氰酸、噁唑烷硫酮、芥子酸等,严重影响其在单胃动物日粮中的使用,因而价格较低。反刍动物对这些有毒有害物质没有单胃动物敏感,因此可以作为奶牛的廉价蛋白质饲料。但由于菜籽饼粕中含有苦味的芥子酸,对奶牛的适口性较差,因而在奶牛日粮中的使用也应限量,最好不要超过5%。

(4)花生饼粕 花生饼粕是花生榨油的副产品。一般饼的粗蛋白质含量可达45%,粕的粗蛋白质含量可达47%。花生饼粕的氨基酸组成不理想,赖氨酸和蛋氨酸含量均低,精氨酸含量过高。花生饼粕适口性好,能值高于大豆饼粕,是很好的蛋白质饲料。

花生饼粕容易感染黄曲霉,产生黄曲霉毒素。黄曲霉毒素的毒性非常强,而且容易在牛奶中残留,因此尽管其价格低于大豆饼粕,在奶牛日粮中的用量也不宜过高。

第二章 奶牛饲养员须具备的基础知识

(5)其他饼粕 玉米胚芽粕是生产玉米淀粉的副产品,是玉米胚芽脱油后的残渣。玉米胚芽饼粕粗蛋白质含量为15%～21%,氨基酸组成较好,维生素E含量丰富,适口性好,价格低廉,在奶牛日粮中可作为蛋白质饲料加以使用,但用量不宜太大。

除上面介绍的几种饼粕外,在奶牛生产中可以使用的蛋白质饲料还有向日葵籽(仁)饼粕、芝麻饼粕、亚麻饼粕等,但由于产量有限,使用并不普遍,在此不再详细介绍。

(6)棉籽 棉籽是目前奶牛饲养中应用最为广泛的油料籽实饲料,可为高产奶牛提供过瘤胃脂肪和蛋白质,提高日粮的能量浓度。棉籽过瘤胃效果很好,且与其他油料籽实相比,价格较低。但棉籽含有游离棉酚,用量不宜过高。在奶牛生产中,一般在高产奶牛的泌乳高峰期每日每头添加不超过1千克。同时,注意在奶牛日粮中必须使用整粒棉籽,不能进行任何加工处理。

(7)膨化全脂大豆 在奶牛日粮中添加全脂大豆可提供过瘤胃脂肪和蛋白质,但由于生大豆含有抗营养因子,因此常将大豆进行膨化处理后饲喂奶牛。大豆膨化后抗营养因子被灭活,其中的蛋白质和脂肪过瘤胃效果提高,适口性提高。由于我国大豆价格很高,膨化加工的能耗较大,一般仅在高产奶牛日粮中使用,一般奶牛饲养中应用很少。

(8)动物性蛋白质饲料 动物性蛋白质饲料包括鱼粉、肉骨粉、血粉、羽毛粉等。过去在奶牛生产中鱼粉的使用比较普遍,由于其氨基酸平衡,过瘤胃效果好,对促进产奶有一定的作用,但由于价格昂贵,奶牛对鱼腥味比较敏感,添加量不大。近年来,由于疯牛病的影响,我国禁止将动物性饲料作为牛的饲料,因此肉骨粉、血粉、羽毛粉等已不在奶牛生产中使用。

3. 粗饲料 粗饲料是指绝干物质中粗纤维含量在18%以上的饲料。粗饲料是奶牛日粮中不可或缺的重要组成部分。主要提供粗纤维。

奶牛的消化生理决定了其应以粗饲料为主,如果缺乏粗饲料就会造成功能紊乱,影响奶牛健康。但由于粗饲料所含的营养素浓度较低,而奶牛的干物质采食量有限(消化道容积有限),过高的粗饲料比例会降低营养浓度,不能满足高产泌乳牛对营养物质的需要。因此,奶牛生产中合理的日粮精、粗料比例是非常重要的。日粮精、粗料比例与奶牛的生产水平和粗饲料的质量有关。一般而言,在相同的粗饲料质量情况下,奶牛的产奶量越高,日粮精、粗料比例应越高。在相同生产水平下,粗饲料质量越低,日粮精、粗料比例应越高。但任何情况下,粗饲料比例不应低于35%～40%。

优质粗饲料可以作为后备母牛和低生产水平泌乳牛的日粮。

奶牛日粮中常用的粗饲料主要包括青干草和秸秆两大类。

(1)青干草　青干草是青绿饲料在抽穗期,尚未结籽以前刈割,经过日晒或人工干燥而制成,较好地保留了青绿饲料的养分和绿色,是奶牛的重要饲料。优质干草叶量多,适口性好,蛋白质含量较高,胡萝卜素、维生素D、维生素E及矿物质丰富。青干草分禾本科干草和豆科干草两大类。禾本科干草粗蛋白质含量较低,为7%～13%,豆科干草粗蛋白质含量较高,为10%～21%。干草的粗纤维含量为20%～30%,所含能量为玉米的30%～50%。干草的质量受种类、刈割时间、干燥方法和保存条件等因素的影响。禾本科草类在抽穗期,豆科草类在孕蕾及初花期刈割为好。干燥所用时间尽量短、均匀一致,并减少机械损失、避免遭受雨淋等,以减少营养物质的损失。

①紫花苜蓿:是最重要的豆科牧草,有牧草之王的美称。苜蓿是奶牛日粮中最重要的粗饲料之一,如果条件允许,奶牛日粮中均应含有苜蓿干草,特别是高产泌乳母牛。苜蓿干草粗蛋白质含量高(15%～20%),适口性好,对提高产奶量和牛奶质量有非常重要的作用。苜蓿干草的质量受刈割时间和调制干草条件的影响非

第二章 奶牛饲养员须具备的基础知识

常大,一般以适时(初花期)刈割的头茬质量最好。由于我国耕地面积有限,苜蓿种植面积不大,因此价格较高,为了降低饲养成本,在后备母牛、干奶母牛的日粮中一般不使用优质苜蓿干草,在中低产奶牛日粮中使用质量稍差的苜蓿干草,在高产奶牛日粮中使用优质苜蓿干草,用量可控制在占干草的 1/3 左右。

②羊草:即东北羊草,是最重要的禾本科牧草,是奶牛日粮中理想的粗饲料之一,如果条件允许,应作为奶牛日粮粗饲料的主体,特别是高产母牛。羊草叶量多,营养丰富,粗蛋白质含量可达 10%,气味芳香,适口性好,且耐贮藏。羊草可单独作为奶牛的粗饲料,如能配合 1/3 左右的苜蓿干草效果更佳。羊草主产于我国东北草原,由于近年来我国奶牛业发展迅速,羊草市场需求增长很快,加之草场退化等因素,羊草价格不断上涨,给奶牛场羊草的采购和饲养成本的控制带来一定的难度。

(2)秸秆 农作物收获籽实后所剩余的茎秆称秸秆。秸秆是一种质量较差的粗饲料,粗纤维含量高(30%~45%),消化率低,粗蛋白质含量低(2%~8%),适口性差,奶牛对其利用率有限。在有干草的情况下,尽量使用干草,避免使用秸秆。

秸秆饲料在我国奶牛生产中有一定意义。由于我国干草资源严重不足,而秸秆的来源广泛,数量巨大,价格低廉,因而在一些规模较小、生产水平较低的奶牛场和个体奶牛养殖户中应用比较普遍。由于秸秆的营养价值低,适口性差,大大降低了其在养殖业中的利用价值,因此,数十年来,人们研究各种加工处理方法,以提高其营养价值和利用率。

秸秆的种类很多,就其产量和可利用特性来说,在奶牛生产中利用价值较大的秸秆为玉米秸和稻草。

①玉米秸:玉米是我国北方与中原地区的主要粮食作物,播种面积大,秸秆产量高,因而廉价且容易获得。玉米秸粗蛋白质含量为 6% 左右,粗纤维含量为 25% 左右,牛对其粗纤维的消化率为

65%左右,适口性尚可,是奶牛秸秆饲料中的首选。同一株玉米秸的营养价值,上部比下部高,叶片较茎秆高,玉米穗苞叶和玉米芯营养价值很低。由于玉米秸量大且廉价,可选择质量较好的部位作为饲料使用。玉米秸的质量因收获期和贮存条件而有很大变化。作为饲料使用的玉米秸应在收获玉米后立即收割,尽量缩短干燥时间,在贮存过程中严防雨淋和发霉变质。

②稻草:水稻是我国南方地区的主要粮食作物,播种面积大,秸秆产量高。由于我国南方地区干草资源匮乏,北方地区所产的干草运至南方距离太远,运输成本太高,因而稻草是我国南方地区奶牛生产的重要粗饲料来源。稻草粗蛋白质含量为2.6%~3.2%,粗纤维21%~33%,能值低于玉米秸,适口性尚可。稻草硅酸盐含量高,钙、磷含量低,利用价值稍低于玉米秸,但运输、贮存、饲喂均比玉米秸方便。

③麦秸:麦秸木质素含量很高,能值低,消化率低,适口性差,其营养价值低于玉米秸和稻草,是质量较差的粗饲料。

④其他秸秆:谷草质地柔软,营养价值较麦秸和稻草高,但对牛的适口性较差,栽培面积和产量有限,很少用作奶牛饲料;大豆秸木质素含量高达20%~23%,消化率极低,对奶牛的营养价值不大,一般很少作为奶牛的饲料。花生秧和红薯藤是很好的奶牛粗饲料来源,但因其栽培面积和产量有限,在我国奶牛生产中的意义不大。

4. 青绿饲料与青贮饲料 青绿饲料是指可以作为饲料的、天然含水量为60%以上的绿色植物。青绿饲料含有丰富、优质的粗蛋白质,多种维生素(特别是胡萝卜素),钙和磷含量高且比例合适,富含铁、锰、锌、铜、硒等微量元素,虽然含有一定量的粗纤维(15%~30%),但消化率很高。青绿饲料除了用于提供维生素外,还具有轻泻、保健作用,可提高采食量。因此,在奶牛生产中,青绿饲料具有其他饲料不可替代的特殊作用。但是,青绿饲料水分含量高(70%～90%),养分浓度低,在奶牛日粮中的用量受到一定限制。另外,青绿饲料的生产有很强的季节性,收获、运输、加工、饲喂等的操作均不太方便,而且不容易贮存,不能常年供应。因此,在现代化大型奶牛场一般很少使用青绿饲料,只是在青贮饲料供应有困难时,作为暂时的救急。

青绿饲料的范畴非常广泛,包括豆科、禾本科及其他科的天然青草,人工栽培牧草,农作物的青绿茎叶、藤蔓,菜叶,野菜,水生植物,枝叶饲料等。但除了大麦、燕麦等青刈饲料作物和栽培牧草外,其他青绿饲料的产量有限。

为了弥补青绿饲料不容易贮存和不能常年供应的特点,人们将青绿饲料制成青贮饲料饲喂奶牛。青贮饲料是指青绿饲料在密闭容器(窖、塔、壕、堆、袋)内经乳酸菌发酵而成的饲料。制作优良的青贮饲料可以较好地保存青绿饲料的营养成分及营养特性,适口性好,易消化,可以长期保存,且占用空间不大,取用方便。因此,青贮成为奶牛日粮中一个必不可少的组成部分。

青贮饲料一般由牛场自己制作,因此,奶牛场工作人员需掌握制作青贮的一般知识与技能。

(1)青贮饲料的制作原理 青贮饲料原料收获后首先进行切碎,然后压实密封于青贮容器中,其中的厌氧乳酸菌大量生长繁殖,将青贮原料中的糖转化为乳酸,pH下降,抑制了其他有害微生物的生长繁殖,最后当pH下降到3.8以下时,乳酸菌自身的生长繁殖亦被抑制,青贮饲料发酵完成,可长期保存。

(2)制作青贮饲料的关键环节

①合适的原料:青贮的原理是将原料中的可溶性糖转化为乳酸,使pH下降到3.8以下,在此酸度下微生物不能生长繁殖,才使青贮饲料能够得以长期保存。因此,青贮原料要求含有一定的可溶性糖。目前最适合的青贮原料是全株玉米,其次是全株大麦。也可应用人工栽培的禾本科牧草或苜蓿制作青贮。苜蓿蛋白质含

量高,制作的青贮营养价值高,但由于含糖量低,因而制作技术也比较复杂。为了降低原料成本,一些小型奶牛场也采用收获玉米籽实后的玉米秸制作青贮,只要选择好玉米品种,适时收获,保证一定的含水量,在制作过程中严格控制条件,一般也能成功,但其质量与营养价值远远不及全株玉米青贮。此类青贮称为黄贮或玉米秸青贮。

②合适的收获期:制作全株玉米青贮或大麦青贮的合适收获期应在乳熟期和蜡熟期之间。收获期过早,原料的产量低,水分含量高,制成的青贮饲料质量差,养分含量低;收获期过晚,虽然可提高原料产量和干物质含量,但青贮饲料的纤维含量高,适口性和消化率降低。另外,收获期过晚也会因原料的含水量过低而导致青贮质量下降或青贮失败。因此,掌握好制作青贮的时间非常重要。

③创造良好的厌氧条件:制作青贮饲料主要靠乳酸菌发酵,乳酸菌是厌氧菌,因此创造良好的厌氧条件是促进乳酸菌生长繁殖、限制其他有害菌生长繁殖的首要条件。创造良好的厌氧条件需要做好三个环节的工作:一是将青贮原料适当切碎以减小空隙;二是将切碎的原料压实以排除缝隙间残存的空气;三是将青贮容器严格密封以避免外面的空气进入。

(3)青贮饲料的利用 青贮饲料干物质含量低,容积大,营养物质浓度低,有一定的酸性,因此在奶牛日粮中的比例不宜过高,否则会影响奶牛的干物质采食量。青贮容器打开以后不可避免地会接触空气,一些有害微生物会生长繁殖,导致青贮饲料发霉变质,此现象称为二次发酵。因此,在青贮饲料使用过程中一是应注意青贮容器打开后要一直使用,不要间断;二是要现用现取,每次取用15厘米以上,不可大量放在牛舍内;三是取用青贮的作业面应尽可能小、整齐、规则,取完后用塑料膜覆盖。

5. 矿物质饲料 矿物质饲料包括工业合成的、天然的单一矿物质饲料、多种混合的矿物质饲料,以及配合有载体的微量元素、

第二章 奶牛饲养员须具备的基础知识

常量元素的饲料。奶牛需要的矿物质种类很多,需要量各异。在各种饲料原料中含有数量不等的各种矿物质,但种类、数量差别很大,可被奶牛消化利用的程度也不同。仅仅依靠常规饲料中的矿物质往往不能满足奶牛对矿物质的需求,需要额外补充,矿物质饲料就是专门用于补充常规饲料原料不能满足奶牛对矿物质需要的不足部分的专门饲料。

一般情况下,奶牛需要额外补充的矿物质有钠、氯、钙、磷、镁等常量元素和铜、铁、锰、锌、碘、硒、钴等微量元素。主要由以下矿物质饲料补充。

(1)氯化钠　氯化钠也就是食盐,是奶牛日粮中添加量最大的矿物质饲料之一,主要用于补充钠和氯。植物性饲料含氯和钠较少,因此以植物性饲料为主的家畜均需要补充食盐。食盐在维持体液渗透压和酸碱平衡方面有重要作用,并能刺激唾液分泌,提高饲料适口性,增强动物食欲,具有调味作用。

草食家畜对食盐的需要量较大,耐受量也较高。食盐在奶牛精料补充料中的添加量一般为 0.5%～1%。日粮精、粗料比例高时食盐在精料补充料中的比例应适当降低,当精、粗料比例低时应适当提高。牛对食盐的采食具有自我控制能力,因而可在运动场中设置食盐补饲槽,让其自由舔食。

(2)石粉　石粉的主要成分是碳酸钙,含钙量一般在 35% 以上,其主要功能是补充钙,是奶牛日粮中添加量最大的矿物质饲料之一,一般占奶牛精料补充料的 0.5%～1.5%。

(3)磷酸氢钙　磷酸氢钙又称磷酸二钙,含磷为 18% 左右,含钙 21% 左右,是奶牛日粮中最常用的补磷矿物质饲料。磷酸氢钙虽然也有补钙的功能,但由于价格远高于石粉,因此只有日粮缺磷时才使用,在奶牛精料补充料中的比例一般为 0.5%～1.5%。

(4)微量元素预混料　奶牛对微量元素的需要量很少,因此在日粮中不以单一的微量元素制剂加以补充,而是将多种微量元素制剂混合在一起,以微量元素预混料的形式添加。

(5) 其他矿物质饲料　氧化镁常用于奶牛的补镁。碳酸氢钠常用作奶牛瘤胃的缓冲剂。碳酸钾常用于奶牛补钾。贝壳粉也常用于补钙。过去骨粉常用于奶牛的钙、磷补充剂,但由于疯牛病等原因,现在奶牛日粮中已禁用。

6. 维生素饲料　维生素饲料指工业合成的或提纯的单一维生素或复合维生素,但不包括某种维生素含量较高的天然饲料。由于奶牛瘤胃微生物能够合成 B 族维生素和维生素 K,因此在奶牛日粮中仅需要添加维生素 A、维生素 D 和维生素 E。奶牛对维生素的需要量很少,因此在日粮中以复合维生素预混料的形式添加。但需要注意的是,在瘤胃功能尚不完善的犊牛日粮中,B 族维生素也应适量添加。在奶牛的泌乳高峰期,瘤胃微生物合成的烟酸不能满足需要,也应当在日粮中添加。

7. 添加剂饲料　添加剂饲料指不包括矿物质饲料、维生素饲料和氨基酸在内的所有添加剂。相对于单胃动物,可应用于奶牛的添加剂种类很少。由于奶牛的产品是牛奶,日粮中的一些成分很容易通过乳腺进入牛奶中,影响其质量。特别是一些抗生素等药物,如果在牛奶中残留,会导致严重后果,损害消费者的健康。因此,奶牛日粮中有关添加剂的使用限制非常严格。此外,由于瘤胃发酵的存在,很多在单胃动物中使用的、在小肠发挥功能效果的添加剂在奶牛生产中无法使用。目前,在奶牛生产中使用的添加剂主要是具有调节瘤胃发酵功能的制剂,如缓冲剂、瘤胃发酵调控剂、中草药制剂、植物提取物和某些微生态制剂等。

(1) 缓冲剂(碳酸氢钠与氧化镁)　由于高产奶牛在泌乳高峰期产奶量很高,营养物质需要量很大。为了满足营养需要,必须提高日粮的精、粗料比例。高比例精料往往引起瘤胃 pH 下降,乳脂率降低,一般采用添加缓冲剂的方法解决。常用的缓冲剂为碳酸氢钠和氧化镁。前者在奶牛精料补充料中的添加比例一般为

第二章　奶牛饲养员须具备的基础知识

1%，后者为 0.5%，联合使用时效果会优于单独使用。

(2) 瘤胃发酵调控剂　有些物质具有促进某些瘤胃微生物区系的生长，抑制某些瘤胃微生物的生长，从而控制瘤胃发酵的产物。例如，苹果酸和富马酸可刺激瘤胃中将乳酸转化为丙酸的两种最重要的细菌 S. ruminatium 和 M. elsdenii 的生长繁殖，加速乳酸向丙酸转化，从而避免乳酸在瘤胃内的积累，避免瘤胃酸中毒的发生。

(3) 中草药制剂　近年来，由于人们对抗生素残留问题的关注越来越高，畜牧生产者开始在中草药中寻找解决方案。在奶牛生产中使用中草药制剂较其他畜禽早，而且广泛。其组方的目的包括保健、治疗和提高生产性能等方面，有时兼而有之。我国传统医学在治疗乳腺炎、催奶、调节消化功能等方面具有明显的效果，这些均适合在奶牛生产中使用。但中草药添加剂成本较高。

(4) 植物提取物　某些植物的提取物具有特殊功能，如丝兰属植物提取物。丝兰属植物属于百合科，主要分布于美国西南及墨西哥沙漠地区，在我国浙江也有种植，主要用于观赏，俗名洋菠萝。丝兰属提取物(YSE 或 YE)由于其特殊的结构，对畜禽消化道内的有毒有害物质(特别是气体)具有极强的吸附作用，从而避免了这些有毒有害物质对畜禽的不利影响，还可刺激循环、呼吸系统，影响维生素的活性和动物激素的分泌。丝兰属植物提取物对畜舍环境中的有害气体也具有很强的吸附能力，可降低畜舍氨气、硫化氢等气体的浓度，改善动物饲养环境，改善健康状况，提高动物生产性能，故被广泛研究并应用于动物生产中。对于反刍动物，丝兰属提取物可降低瘤胃氨态氮浓度，提高降解蛋白的利用率，降低氨中毒的危险和氨氮损失。

(5) 微生态制剂　在奶牛生产中目前最有效的微生态制剂是酵母培养物，如达农威的益康 XP，具有调节瘤胃发酵的功能。酵母培养物可提高奶牛的干物质采食量和日粮消化率，减少瘤胃乳酸的积累，从而维持瘤胃 pH 的稳定，增进奶牛健康，提高生产性能。

8. 糟渣类饲料 糟渣饲料并不是国际饲料分类法中的标准分类，之所以在这里单独列出进行介绍，是因为其在奶牛生产中具有重要作用。在我国规模较大的奶牛场中，鲜糟渣饲料的使用非常普遍，对奶牛生产性能的促进作用非常明显，在生产中常称其为副料。

糟渣类饲料是指酿造、淀粉及豆腐加工行业的副产品。在奶牛生产中常用的糟渣类饲料有啤酒糟、豆腐渣和玉米酒精糟等。

(1) 啤酒糟 啤酒糟是大麦提取可溶性碳水化合物后的残渣，干物质中含粗蛋白质 25% 左右，粗纤维 15% 左右，粗脂肪约 8%，矿物质、B 族维生素含量丰富，还可能含有一些促生长未知因子。啤酒糟适口性好，在奶牛场一般多鲜喂，对提高产奶量有明显作用。鲜啤酒糟的含水量高，体积大，在饲养中应注意控制喂量，否则会影响奶牛的干物质采食量。鲜啤酒糟不容易贮存，特别是在夏季，应现买现喂，最好不要过夜，以免引起腐败变质。

干啤酒糟也是一种非常好的奶牛饲料，可以部分替代饼粕类蛋白质饲料。但由于鲜啤酒糟水分含量太高，干燥能耗大，成本高，加之鲜喂效果好，供不应求，因而国内市场上干啤酒糟销售较少。

(2) 豆腐渣 豆腐渣为制作豆腐所得的加工副产品，干物质中粗蛋白质含量约为 22%，粗纤维约为 23%，维生素含量较低。鲜豆腐渣适口性好，对提高奶牛产奶量有一定作用，但效果不如鲜啤酒糟。鲜豆腐渣的含水量高、体积大，在饲养中应注意控制饲喂量，否则会影响奶牛的干物质采食量。鲜豆腐渣不容易贮存，特别是在夏季，应现买现喂，最好不要过夜，以免引起腐败变质。

(3) 玉米酒精糟 玉米酒精糟是以玉米为原料生产酒精的副产品。根据其生产工艺过程，产品包括废液滤渣干燥产物 DDG，

第二章 奶牛饲养员须具备的基础知识

废液干燥浓缩产物 DDS 和两者混合物 DDGS。DDGS 干物质中含粗蛋白质近 30%，粗纤维约 12%，粗脂肪约 13%，B 族维生素含量丰富，还可能含有一些促生长未知因子。DDGS 适口性好，在奶牛日粮中可部分替代饼粕类蛋白质饲料，饲喂效果好，一般干喂。除了玉米外，还有其他可生产酒精的原料，但其产生的 DDGS 均远不如以玉米为原料生产的 DDGS。

(4) 玉米淀粉渣　玉米淀粉渣是以玉米为原料生产淀粉产生的下脚料，因生产工艺不同其组成变化很大，主要成分是玉米皮，还可能混有部分玉米胚芽、玉米蛋白粉和残留的淀粉等。玉米淀粉渣适口性较好，可以作为副料饲喂奶牛，但饲喂效果不如鲜啤酒糟。鲜玉米淀粉渣的含水量高，体积大，在饲养中应注意控制喂量，否则会影响奶牛的干物质采食量。鲜玉米淀粉渣不容易贮存，特别是在夏季，应现买现喂，最好不要过夜，以免引起腐败变质。在使用鲜玉米淀粉渣时须特别注意的是其中可能残留一部分浸渍玉米时所使用的亚硝酸，对牛有害，应对其残留量进行必要的检测，且喂量不宜过大，以免发生亚硝酸中毒。

(5) 其他糟渣饲料　酒糟是生产白酒的副产品，在我国来源极为广泛。由于生产工艺的需要，在发酵过程中可能掺入一些谷物籽实以外的物质，如稻壳、秸秆等，致使酒糟的质量受到严重影响，加之可能残留一些发酵产物，如乙醇等，对牛的健康有害。由于酒糟的质量很不稳定，因此在奶牛生产中一般不使用白酒糟作为饲料。

酱油渣是生产酱油的副产品，因其含盐量高，在奶牛生产中不建议使用。

醋渣是生产食醋的副产品，因其含乙酸较高，在奶牛生产中应慎用。

糟渣类饲料的种类非常广泛，在使用时应注意其原料的种类、发酵类型、发酵工艺、添加物、发酵产物、残留物等。产品营养价值不高且含有对奶牛健康有害的物质时不能使用。

9. 多汁饲料 多汁饲料指鲜喂的块根块茎和瓜果类饲料,包括木薯、甘薯、马铃薯、胡萝卜、甜菜、甘蓝、南瓜等。在国际饲料分类法中此类饲料属于能量饲料,因此类饲料干燥后符合能量饲料的条件。

多汁饲料的特点是含水量高,松脆多汁,适口性好,容易消化。干物质中无氮浸出物含量高,占70%左右,粗纤维仅含3%~10%,粗蛋白质含量只有1%~2%,但利用率高。钙、磷、钠含量少,但钾含量丰富。胡萝卜、南瓜中含胡萝卜素丰富,甜菜中维生素C含量高,但均缺乏维生素D。

多汁饲料体积大,营养物质含量不平衡,只能作为牛的辅助和补充饲料,但具有刺激食欲、促进泌乳、维持牛的正常生长发育和繁殖等功能。

在规模化奶牛生产中,最重要的多汁饲料是胡萝卜。胡萝卜产量高,耐贮藏,营养丰富。因含蔗糖和果糖,多汁味甜,适口性非常好。其最大特点是胡萝卜素含量丰富,为其他天然饲料所不及。在刺激奶牛食欲、提高产奶量、改善繁殖性能、提高抗病力等方面有特殊的作用。但近年来由于价格较高,饲喂胡萝卜的奶牛场不多。

饲喂多汁料前要清洗干净,以免奶牛食入过多泥土。另外,应切碎成2~3厘米,以免造成食管梗塞,发生意外和危险。

(五)奶牛日粮的配制

1. 奶牛日粮的要求 一个平衡、全价的日粮对维持奶牛的健康、正常的生长、繁殖和泌乳是至关重要的。在舍饲条件下,奶牛对饲料的采食是被动的,即奶牛不能根据其自身的需要和好恶自主地选择饲料,而只能是人们给它什么它就吃什么。如果人们给奶牛提供的日粮科学合理,能够满足牛对各种营养素的需求,牛就

第二章 奶牛饲养员须具备的基础知识

能够健康地生长、发情、妊娠、产犊和产奶；如果人们给奶牛提供的日粮不合理，轻者生长缓慢、繁殖率降低、生产性能下降，严重者会导致奶牛营养代谢病，甚至死亡。

一个平衡、全价的奶牛日粮应符合下列要求：含有奶牛所需要的全部营养素；日粮中各营养素之间的比例适当；日粮的营养素浓度合适，即日粮的体积合适，使奶牛能够将含有所需要的营养素的日粮分量在1天内全部吃完；日粮中不含有任何损害奶牛健康和可能在牛奶中残留的对人体有害的物质；日粮中的纤维含量应不低于维持正常瘤胃功能所需要的最低量；原料适口性较好，牛爱吃；原料来源广泛，价格相对较低。

2. 制作奶牛日粮配方的步骤与方法

(1) 计算奶牛的营养需要量　根据奶牛体重、日增重、胎次、产奶量和乳脂率、妊娠天数等具体情况，查找相应饲养标准确定出各种营养物质的需要量，主要包括能量、蛋白质、钙和磷。

(2) 确定粗饲料采食量　日粮粗饲料采食量按奶牛体重的 1.5%～2% 计算，奶牛的产奶量越高，粗饲料的摄入量应越低。因为当产奶量越高时所需的营养越多，而精饲料营养浓度比粗饲料高得多，因此日粮的精、粗料比例也应越高。上述的粗饲料摄入量指的是粗饲料的干物质摄入量。

(3) 计算粗饲料所提供的营养　根据粗饲料摄入量和粗饲料的种类及其营养成分含量，计算粗饲料所能提供的营养。首先应确定粗饲料的种类和比例，青贮饲料应换算成干物质。然后将各种粗饲料原料的营养物质含量相加，即为全部粗饲料所能提供的营养。

(4) 制作精料补充料配方　将上面计算得到的粗饲料所能提供的营养从总的营养需要量中减去，余下的就是精料补充料应提供的营养。制作精料补充料配方时首先通过调整能量饲料和蛋白质饲料之间的比例，使精料补充料的能量和蛋白质含量符合要求，然后再通过添加钙、磷饲料使之符合钙、磷含量的需求,最后加入食盐和微量元素与维生素添加剂,完成精料补充料配方。

(5)计算日粮的营养物质含量　将精料补充料和粗饲料的营养含量相加,计算是否与营养需要量一致。计算日粮的纤维含量是否超过日粮对纤维物质含量的最低要求。如果制作的配方与需要量相差较大,应做进一步调整。

(6)将配方的干物质量还原为实际的饲料量　在制作上述配方时所使用的量均为干物质的量,即假定饲料中不含水分。但实际上任何饲料中都含有水分,因此应将上述配方中各饲料原料的干物质量除以饲料干物质含量,从而计算出实际饲料用量。

(7)将配方的绝对量转化为相对量

经过上述过程制作的日粮配方是1头奶牛1天所需的各种饲料的量,为了便于配制牛群的日粮须将日粮配方中每种饲料的绝对量除以日粮总的绝对量得到各种饲料原料在日粮中所占的比例,制成生产表单,便于饲料生产。

3. 配制奶牛日粮应注意的问题

(1)确切掌握牛群的实际情况　确切掌握牛群的实际情况是制订一个好配方的基础。奶牛的营养需要量是根据牛的各种实际情况计算而来的。如果对牛群实际情况了解不够深入,甚至产生偏差,那么计算出来的营养需要量就不准确,日粮配方就没有针对性,从而不能满足奶牛的实际营养需要。日粮配方针对的是一个群体,因而不能以某一头牛的情况作为代表,以群体的平均值作为群体的代表来计算奶牛的营养物质需要量。

(2)准确掌握饲料原料的营养价值　饲料的营养价值就是营养物质的含量。饲料原料营养物质的含量可从饲料成分表中获得,也可通过实际测定获得,而后者更为可靠。因为同一饲料原料因其品种、产地、收获期、加工方法、贮存条件与贮存时间等的不同会有很大差别。中小型奶牛场通常不具备实验室测定条件,送到外单位测定费用高,因此对于牛场大宗的、变异性较大的饲料,应对其主要养分进行测定。如青贮饲料的质量受原料种类、收获时间、制作技术、保存条件等因素的影响非常大,因此有必要对其干物质、能量、蛋白质和纤维含量进行测定。干草变异性较大,应对其能量、蛋白质和纤维含量进行测定。由于青贮饲料牛场每年只制作1次,干草每年秋季采购1次,也就是说,一个牛场全年使用的青贮和干草基本是相同的,因而只需收购时测定。

对于小批量经常性采购的饲料原料,可测定最重要的指标,如蛋白质饲料只需测定其中的蛋白质含量即可。而对于那些营养成分变异不大的饲料(如玉米)可以不进行测定。如果能够从较大的、信誉好的公司采购饲料,在采购时要求供货方提供饲料的主要营养成分含量保证值,则可避免测定的麻烦和花费。

(3)**充分了解饲料原料的特性** 除了营养成分含量外,饲料还有许多其他的特性,如适口性、有毒有害物质含量、抗营养因子等,如棉籽饼粕中含有游离棉酚;菜籽粕中除了含有硫葡萄糖甙等有毒有害物质外,其适口性较差;DDGS中DDG和DDS之间的比例不同,营养成分含量差别很大;饼粕中及玉米中限制性氨基酸的不平衡等均是配制日粮时应考虑的因素。

(4)**注意饲料原料的多样性** 在可能的情况下,尽可能多地使用不同的饲料原料,特别是蛋白质饲料原料。由于不同饲料蛋白质的氨基酸组成不同,不同饲料蛋白质的氨基酸之间具有互补作用,可提高蛋白质的利用效率。蛋白质饲料的多样化可以降低每种单一蛋白质饲料的用量,这样可以降低某些含有抗营养因子和有毒有害物质的蛋白质饲料的不利影响。由于不同蛋白质饲料中所含有的有毒有害物质种类不同,如棉籽粕含有的有毒有害物质是游离棉酚,而菜籽粕含有的是硫葡萄糖甙和异硫氰酸等,不同有毒有害物质对牛的不利影响不产生直接的累加作用,因而在奶牛日粮中既使用棉籽粕也使用菜籽粕,就可以降低棉籽粕和菜籽粕的用量,从而减小游离棉酚和硫葡萄糖甙、异硫氰酸等对牛产生的不利影响。同时,不同饲料原料在氨基酸、矿物质、维生素的含量方面存在很大的不同,多种原料混合使用可以产生互补作用,并且降低某些抗营养因子和有毒有害物质的不利影响。因此奶牛日粮组成成分尽可能多。

(5)注意饲料原料的适口性 奶牛的产奶量与日粮的干物质采食量密切相关,在奶牛生产中提高干物质采食量是一项很重要的工作。日粮的适口性是影响采食量的重要因素,因而在配制奶牛日粮时要特别注意所用饲料原料的适口性。除了采食量外,适口性还影响奶牛的采食时间,适口性差的饲料降低牛的采食速度,延长单位日粮的采食时间,因而应限制适口性差的饲料在日粮中的用量。

(六)奶牛的饲喂

饲喂是奶牛饲养管理中最重要的环节之一。饲喂要完成的任务有两个,一是让牛将饲料(或日粮)吃下去,二是奶牛食入的饲料种类、数量及其比例要与日粮配方相同,不能走样。

饲喂工艺是指饲喂的方法及与之相关联的饲喂程序。奶牛饲喂工艺可分为全混合日粮(TMR)饲喂工艺和精、粗料分饲饲喂工艺。饲喂工艺的这种区分主要着重于提供日粮的形式。全混合日粮饲喂工艺是将日粮的全部组分混合在一起后再饲喂;精、粗料分饲饲喂工艺是将粗料、精料、青贮等分开饲喂,是先喂一种饲料,然后再喂另一种饲料。

饲喂工艺还可分为自由采食和定时分次饲喂两种方式。饲喂工艺的这种区分主要着重于奶牛在采食过程中的地位。在自由采食饲喂工艺中,奶牛在采食过程中处于主动地位,饲养人员提供奶牛足够的饲料(日粮),奶牛在一天内的任何时间都可以根据自身的意愿采食或不采食、多采食或少采食。而在定时分次饲喂工艺中,奶牛在采食过程中处于被动地位,饲养人员只是在固定的时间投放饲料,奶牛只能在固定的时间采食。

1. 全混合日粮饲喂工艺与精、粗料分饲饲喂工艺

(1)全混合日粮饲喂工艺　全混合日粮是指根据奶牛不同生理阶段和不同生产水平的营养需要,将日粮配方中的所有原料按照日粮配方中所规定的比例混合在一起,所形成的均匀一致、营养平衡的混合饲料。

全混合日粮的最大特点是,奶牛在任何时间、任何地点所采食的任何一口全混合日粮,其营养都是均衡的。无论奶牛采食量高低,采食的数量多少,其食入的饲料都是按日粮配方的比例食入的。

全混合日粮饲喂工艺的使用条件是合理分群、适当的牛群规模和散栏饲养管理。因此此方式适用于规模化奶牛场。

全混合日粮饲喂方法的优点是将日粮所有组分均匀混合在一起,使牛不能按照自己的喜恶挑选饲料,一方面避免了采食营养的不均衡导致的消化与代谢紊乱,另一方面也避免了饲料的损失和浪费,同时也能将适口性较差而牛不愿意采食但对平衡营养有重要作用的饲料能够被牛所采食;采用全混合日粮饲喂工艺在管理上可大大提高工作效率,节省大量的劳动力,降低劳动强度和人工成本,也避免了人工饲喂可能产生的人为失误操作。

全混合日粮饲喂方法的缺点是针对的是牛的群体,不能根据不同个体的具体情况对日粮的精、粗料比例进行调整,以满足不同牛的需要。饲养人员不能根据牛的具体情况对每个个体进行单独的照顾;由于全混合日粮饲喂方式需要不断进行调群,因此不利于饲养员对自己所管牛的详细了解,人、牛之间不容易建立很好的感情和条件反射,增加了奶牛产生应激的机会,也不利于饲养管理措施的连续性和方便对饲养员工作效果的考核;另外,全混合日粮的制作依靠专门的加工混合设备,该设备价格较高,维护也需要成本。

全混合日粮饲喂方式将日粮分成2～3次投喂。

(2)精料、粗料分饲饲喂工艺　精料、粗料分饲饲喂工艺是将奶牛日粮的不同组分分开饲喂。在传统奶牛饲养上通常采用将日粮分成以下几个部分分别饲喂,精料补充料与副料混合在一起组成一个组分,将干草适当切短(或不切割)单独构成一个组分,青贮作为一个单独的组分,块根块茎等多汁料构成一个组分。其原则是将性质相近的饲料组成一个组分。

精、粗料分饲时牛容易挑食,由此导致饲料的损失与浪费,对那些适口性不好而又必须饲喂的饲料不容易使牛吃下去。另外,精、粗料分饲的劳动力效率比较低,每名饲养员所能管理的牛的头数较少,而且劳动强度很大。

精、粗料分饲的饲喂方式的优点是饲养人员可以根据牛的具体情况对每个个体进行单独的照顾。另外,此饲喂方式比较灵活,可以适合不同规模的牛群、生产水平不同的奶牛,甚至生理阶段不同的奶牛均可在一个牛群中饲养。

在饲养管理上,饲养员所管理的成年母牛可以相对固定,人、牛之间建立很好的感情和条件反射,也有利于饲养管理措施的连续性和方便对饲养员工作效果的考核。

由于精、粗料分饲饲喂方式是将日粮不同组分分开饲喂,这就存在着不同日粮组分在饲喂顺序上的安排问题。日粮不同组分饲喂顺序的安排应该根据不同组分的特性而定,其中最重要的是适口性。一般的原则是先喂适口性较差的组分,适口性较好的组分后喂。牛刚刚上槽时比较饥饿,饥不择食,因此适口性差的饲料牛也能够采食。当牛采食一段时间后,饥饿感逐渐消失,对饲料的适口性逐渐敏感,开始挑食,此时投喂适口性稍好一些的饲料,使牛产生新的食欲,采食继续进行,如此不断更换饲料,直到牛接近吃饱时,再投喂牛最喜欢吃的饲料,最终使牛完全吃饱。

第二章 奶牛饲养员须具备的基础知识

一般情况下,精、粗料分饲饲喂方式各组分饲喂顺序为:干草→青贮→精料补充料+副料→多汁料→干草(自由采食)

不同日粮组分采食量主要通过控制各组分的投喂量、投喂顺序、采食时间来实现。

2. 分次定时饲喂与自由采食 奶牛生产中,任何阶段都希望能够达到最大干物质采食量,通过调整日粮精、粗饲料比例的办法来实现对营养物质摄入量的控制,以满足不同阶段奶牛的营养需要,因为粗饲料更符合反刍动物消化生理的要求,对奶牛的健康有利。另一方面更能节约成本。

奶牛生产中,完全的自由采食应用于散栏饲养工艺的全混合日粮饲喂方式情况下,奶牛的饲槽中始终有全混合日粮,牛在任何时间均可随意采食。

分次定时饲喂一般适用于拴系饲养工艺中。在这种饲养条件下,一天中的大部分时间奶牛在运动场自由活动,在饲喂时间,奶牛进入牛舍,被拴系在牛床上,向饲槽中投放饲料(日粮),任牛采食,此过程俗称上槽。在奶牛上槽期间,如果饲喂的是全混合日粮,奶牛可以随意采食,完全不限量,但限制采食时间,规定的时间到了以后,牛被驱赶出牛舍,不能再随意进入牛舍采食。如果采用精、粗料分饲的饲喂方式,饲槽中依次投放各种日粮组分,供牛随意采食。在这种情况下,精料补充料定量饲喂,青贮饲料不完全自由采食,干草完全自由采食。之所以称青贮饲料是不完全自由采食的,是因为投放给牛的青贮饲料不严格限量,但限制采食时间,而干草既不限制投放量,也不限制采食时间。在运动场中设干草补饲槽,供牛随意采食。这是因为在精料补充料定量饲喂的前提下,采食干草越多对牛的健康和生产越有利,而由于青贮饲料含水量较高,采食过多会影响干草的采食量,因此需要一定的限制。

在分次定时饲喂情况下,每天的饲喂次数和饲喂时间是严格固定的。目前生产中普遍采用的是每天上槽2～3次,每次2.5～

3.5 小时,上槽间隔以等时间平均为好。

(七)饲料定额

饲料是奶牛生产的基础,充足而稳定的饲料供应是保证奶牛场完成各项生产任务的必要前提。饲料不但影响奶牛的生产性能和健康,还影响奶牛的饲养成本,进而影响经济效益。为了保证全年饲料的供应,必须准确计算各种原料的需求量。

饲料定额是指牛对各种饲料的需求量。但这个需求量只是一个大致的需求量,用于计算满足正常生产所需要的饲料贮备量,因此不能按此定额饲喂奶牛。

1. 精料补充料

(1)成年母牛 基础需要量为3千克/头·日。产奶需要量为每3千克奶需1千克料。

(2)后备母牛 育成母牛与青年母牛的需要量为3千克/头·日。犊牛的需要量为1.5千克/头·日。

精料补充料各原料之间的比例一般为:玉米45%～55%,麸皮10%～15%,豆粕10%～20%,杂粮(包括花生粕、棉籽粕、菜籽粕等)10%～20%,矿物质饲料5%～7%。

2. 青贮饲料定额 成年母牛的需要量为20～25千克/头·日。育成母牛与青年母牛的需要量为15千克/头·日。犊牛不计算青贮需要量。

3. 粗饲料定额 成年母牛的需要量为5～8千克/头·日。育成母牛与青年母牛的需要量为3～5千克/头·日。犊牛的需要量为1.5～2千克/头·日。

4. 损耗 由于各种饲料在运输、贮存、加工等过程中,必然会产生一定的损失,因此在计算饲料需求量的时候,必须将这部分损耗计算在内。不同的饲料损耗程度不同,一般精饲料的损耗量按总需求量的5%计算,青贮饲料的损耗量按总需求量的15%计算。

粗饲料中干草的损耗量按总需求量的 10%计算,秸秆的损耗按总需求量的 20%~30%计算。

三、奶牛繁殖技术

饲养奶牛的目的是为了产奶。产奶是繁殖性状,奶牛只有产犊才能产奶,犊牛是牛群更新的来源,也是经济收益的重要一项。因此,保持奶牛场牛群的正常繁殖水平是奶牛场获得较高的生产水平和经济收入的必要前提。做好奶牛场的繁殖工作需要各岗位工作人员的共同努力。作为一名奶牛饲养人员需要了解奶牛繁殖的相关知识,掌握一定的技能。

(一)奶牛繁殖基础知识

1. 初情期、性成熟和初配适龄

(1)初情期　初情期是指动物生殖系统发育到某个阶段,公畜第一次排出成熟精子、母畜第一次排出成熟卵子的年龄。发育良好的荷斯坦后备母牛应在 8 月龄达到初情期,公牛应在 10 月龄达到初情期。

(2)性成熟　性成熟是指动物生殖系统已发育成熟,开始出现正常性周期时的年龄。发育良好的荷斯坦后备母牛在 10 月龄达到性成熟,公牛在 12 月龄时达到性成熟。

(3)初配适龄　奶牛在达到性成熟时身体其他器官并未完全达到成熟,即体成熟,如果此时配种,奶牛的生长发育将受到影响,使其成年体型偏小,产奶量低。初配适龄是指奶牛发育到适合配种时的年龄。荷斯坦母牛的初次配种年龄应在 14~16 月龄,体重应达到 350~380 千克。

2. 发情周期　发情周期是指母牛两次发情之间的间隔时间,包括发情前期、发情盛期、发情后期和间情期 4 个阶段。荷斯坦奶牛正常的发情周期为21天,范围为18~24天。也就是说,如果此次发情没有配种或配种后没有受胎,母牛会在21天以后再次发情。作为奶牛饲养员,应记录自己所管理牛群的每头未妊娠(空怀)母牛的发情时间,无论配种(输精)与否,都要在下次发情到来时有针对性地对该头奶牛详细观察,看其是否发情,以免漏掉。

3. 发情持续期 发情持续期是指母牛有发情表现的时期。母牛只有表现出发情表现,人们才有可能发现其发情。荷斯坦母牛的发情持续期为18小时,范围为10~24小时。也就是说,母牛只有在这段时间内才有发情表现,人们通过发情表现确定配种(输精)时间。

4. 妊娠与妊娠期 妊娠期也就是母牛受胎到产犊之间的间隔时间。荷斯坦母牛的妊娠期为280天。奶牛饲养员应记录自己所管理的牛群中每头奶牛的确切妊娠时间,有针对性地进行饲养与管理,如妊娠后期应增加营养,精心管理以防止流产;在预产期前2个月及时干奶;在预产期前15天及时将其转入围产牛。

5. 产后发情与配种 母牛产犊后子宫需要3~7周的恢复时间,才能建立新的妊娠。平均而言,健康母牛产犊后15天可能发生第一次排卵,32天发生第二次排卵,但此两次排卵的发情周期大多不正常,无发情表现(安静排卵)或发情表现不明显(安静发情)。母牛产后的第三次排卵平均发生在分娩后的53天,从第三次排卵开始发情周期和发情表现均已恢复正常,因此从第三次排卵开始即可进行配种。母牛在分娩时产道受伤(助产或难产时)、子宫和产道炎症、营养不良等情况均会使母牛产后的排卵和发情时间延迟。

6. 产犊间隔 产犊间隔指母牛两次产犊之间的间隔时间。中低产母牛的理想产犊间隔为12个月,即母牛每年产犊1次。对于高产奶牛,产犊间隔可适当延长至13~15个月。由于奶牛的妊娠期为280天,那么影响产犊间隔的惟一因素就是母牛产后的配

第二章 奶牛饲养员须具备的基础知识

种时间。当要求产犊间隔为 12 个月时,母牛在产犊后的 80～90 天必须配种妊娠;当产犊间隔要求为 14 个月时,母牛在产犊后的 140 天内必须配种妊娠。母牛产后能否按规定要求按时配种妊娠主要受两个因素的影响。

(1)产后母牛的体况 母牛在产犊后由于大量泌乳和采食量较低等原因,掉膘严重,体况下降,如果这一情况比较严重、持续的时间较长,就会大大推迟母牛产后发情的时间,进而影响母牛的配种与妊娠。这种现象在高产奶牛中发生得非常普遍。采取科学的饲养管理,尽快提高产后母牛的采食量,避免体重下降过多,使其尽早发情配种,是奶牛饲养员的重要任务。

(2)产后母牛生殖系统的恢复 母牛在产犊过程中子宫和产道可能受到一定程度的损伤,特别是在发生难产和人工助产的情况下损伤会更加严重,如果损伤处理不当会发生炎症。在生殖系统完全恢复以前很难正常发情与配种受胎。母牛分娩的顺利与否、产后生殖系统的恢复快慢等都与奶牛产前、产后的饲养管理密切相关,也就是说与饲养员的工作密切相关。

(二)母牛的发情观察

奶牛只有发情才能配种受胎。在自然交配的情况下,公牛能够自己发现、找到发情的母牛。但目前奶牛场普遍采用人工授精的配种方式,发现、找出发情母牛的工作主要靠人来完成。因此,准确有效地监测奶牛的发情是提高牛群繁殖率的基础。观察母牛的发情进行发情鉴定是饲养员的一项重要任务。应将自己负责管理的牛群中的发情牛及时、准确地挑选出来,详细记录发情表现和时间,并报告配种员。

1. 发情表现 母牛发情早期通常表现出一定程度的紧张和不安,举止活泼,爱离群,到处游走或跑动,并频繁翘鼻子、努嘴和哞叫,阴门出现轻度红肿。追赶其他母牛,用头顶其他母牛臀部,嗅舔其外阴,并试图爬跨,但不接受其他母牛爬跨。

随着时间的推移,母牛进入发情旺期。发情母牛子宫颈和阴道分泌蛋白样黏液并从阴门流出,可见到阴门处有黏液样分泌物并常沾在尾巴上。发情母牛接受其他牛的爬跨,既不反抗也不走开,行为表现转为温和。

接受其他牛爬跨是母牛发情旺期的最重要、最具意义的特殊表现,是确定母牛发情的最有价值和最准确的指标。该行为比较容易观察,一般延续16~30小时,平均为16小时。

旺情期过后,发情母牛不再接受其他牛的爬跨。

除此之外,母牛在发情期间采食量可能会下降,产奶量也有可能降低。

2. 发情观察方法 根据空怀母牛上次发情时间,有针对性地进行观察,即在母牛预期发情日期到来时主动对该牛进行观察。此方法对防止漏情具有非常好的作用。

发情母牛的爬跨行为只有在母牛随意活动时才能观察到,因此对于采用拴系饲养工艺的牛群,观察母牛的爬跨行为必须在运动场进行。在饲喂和挤奶时,观察的重点应该是母牛的阴门红肿情况和黏液的分泌情况。

发情母牛的爬跨一般多发生于夜间。因此,应在傍晚和清晨观察牛的爬跨行为,白天每隔4~5小时观察1次。

(三)妊娠表现

妊娠母牛发情周期停止;性情变得温驯,行动谨慎、迟缓;食欲增加,被毛光亮;妊娠5个月后腹围明显增大,青年母牛乳房开始发育,泌乳母牛产奶量明显下降。

四、一般操作技术

(一)奶牛体表部位的名称

奶牛是由各个不同器官、系统构成的有机整体,为了实践上的需要,人们将牛体表划分为不同的部位来加以描述和相互区别,掌握这些部位的位置、名称及特点,对于学习和工作是必不可少的。牛体表的各个部位都是由骨骼、肌肉及内部器官等为基础的,各自都有一定的外形特征,并反映一定的内部器官定位与功能特点。了解和掌握它们是描述牛的体质外貌、测量体尺及一些其他工作的基础。

牛体大致可分为4个部分,即头颈部、前躯、中躯和后躯(图3)。

1. 头颈部 头颈部指鬐甲与肩端连线之前的部分,包括头部和颈部。从角及角根后缘沿下腭后缘做一切线,此线之前为头部。头部之后,鬐甲与肩端连线之前的部分为颈部。头颈部又可分为如下部位。

(1)额 两眼内角连线以上,头的正面部位。

(2)头顶 又称额顶,指额的上方两角之间的隆起部分,也称枕骨脊。

(3)脸与鼻梁 两眼内角连线以下,鼻镜以上,头的正面部位称脸,其两侧与颊相连,脸的中央隆起部分称鼻梁。

(4)鼻镜 鼻的最前端,无毛着生之部位。

(5)颊 头的侧方,两眼之前,脸之下,下腭之上的部位。

(6)下腭 以下腭骨为基础的体表部位,位于颊的下方。

(7)喉 头与颈下方的折合处,以喉软骨为基础的体表部位。

(8)垂皮 颈的下后方与前胸下方下垂的皮肤,又称颈垂或肉垂。

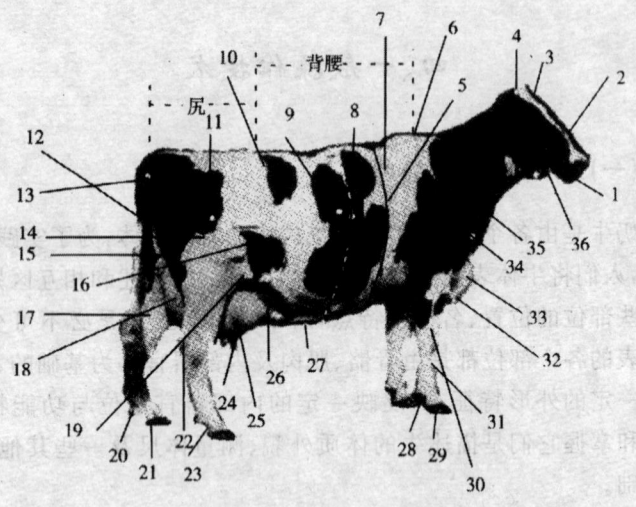

图 3 牛的体表部位

1. 口 2. 鼻梁 3. 额 4. 头顶 5. 胸围 6. 鬐甲 7. 肩胛骨后缘 8. 腹围
9. 肋 10. 腰角 11. 髋关节 12. 尾 13. 尻角 14. 大腿 15. 后乳房附盖
16. 膝关节 17. 尾骨 18. 后乳房 19. 胁 20. 悬蹄 21. 蹄 22. 飞节
23. 系 24. 乳头 25. 前乳房 26. 前乳房附盖 27. 乳静脉 28. 蹄踵
29. 蹄底 30. 前臂 31. 前管 32. 前胸 33. 胸垂 34. 肩端 35. 颈垂
36. 颌

2. 前躯 前躯指颈部之后,肩胛骨和臂的后缘之前的部分。前躯又可分为如下部位。

(1) 鬐甲 肩胛骨上端隆起的体表部位,又称肩峰。

(2) 肩 以肩胛骨为基础的体表部位。

(3) 前胸 位于颈的下后端,两前肢内前方突出的部位。

(4) 肩端 肩关节的体表部位。

(5) 臂 以肱骨为基础的体表部位。

(6) 肘 以尺骨后上端肘突为基础的体表部位。

(7) 前臂 以桡骨和尺骨为基础的体表部位。

(8) 前膝 也称腕,腕关节的体表部位。

(9)前管 以掌骨为基础的体表部位。

(10)球节 以第一趾关节为基础的体表部位。

(11)系 球节与蹄之间的部位。

(12)蹄 整个蹄壳所包围的部位。

(13)距 也称悬蹄,为球节后端两个角质突起。

3. 中躯 中躯指肩胛骨与臂的后缘至腰角与大腿前缘之间的部分。中躯又可分为如下部位。

(1)背 鬐甲至最后背椎棘突后缘的体表部位。

(2)胸与肋 前胸之后至剑状软骨末端之间的体表部位。广意地说,整个胸腔外部的体表部位统称为胸,胸的两侧具有肋骨的部分称肋。

(3)腰 背之后至两腰角前缘连线之前的部位。

(4)腹 剑状软骨后,肋后,膁下,大腿前方的无骨部分。

(5)膁 肋后,腰下,大腿之前的体表凹陷处。

(6)胁 前后肢与体躯相连接的部分。分前胁与后胁。

4. 后躯 后躯指中躯后面的部分。后躯又可分为如下部位。

(1)腰角 以髂骨髋关节为基础的体表部位。

(2)尻 也称臀,位于腰部以后的体躯背面,以两侧腰角、臀角、臀端连线为界。

(3)臀端 以坐骨结节为基础的体表部位。

(4)臀角 以股骨大转子为基础的体表部位。

(5)后膝 膝关节的体表部位。

(6)飞节 以跗关节为基础的体表部位。

(7)尾根 以第一可动尾椎与体躯连接的体表部位。

(8)尾 尾根以下的部位。

(9)尾扫 尾部末端着生的毛。

(二)牛体尺的测量

1. 测量体尺的作用与意义 所谓体尺即牛体某一部位的长或宽的度量,它不仅能反映机体某一部位和整体的大小,而且能反映各部位及整体的发育情况。

在育种工作中,体尺是选种与鉴定品种特征的指标。牛在不同的生长发育阶段,各部位的发育是不平衡的,其体尺也就具有一定的各自的特点。经常测量体尺,可以了解各部位及整体的生长发育情况,估计内部器官的发育是否正常良好,从而检验饲养管理等技术措施,制订改进的方案。外貌和生产性能是相关的,在一定程度上,体尺测量是外貌的数量化,由此可估测牛的生产性能。此外,体尺测量还是体尺指数计算及估测活重等项工作必不可少的步骤。

2. 牛体尺测量的工具 主要有测杖、卷尺、圆形测定器。

3. 测前准备 检查测量工具,并进行必要的校准;选择好测量场地。要求地面平坦、明亮,具有一定的活动范围;准备好记录表格。

4. 测量部位与测量方法 牛体尺的测量部位很多。究竟需要测定哪些项目,依据测量目的而定。例如,估测牛的活重时只需测量体斜长、体直长和胸围3个部位;为了检查牛在生产条件下的生长发育情况测量部位可由5个(鬐甲高,体斜长,胸围,胸宽,管围)至8个(另加尻高,胸深,腰角宽);而在研究牛的生长发育规律时,测量的部位可大大增多,如在牛的育种登记簿上规定的测量部位有13~15个(另加头长,额的最大宽度,背高,十字部高,尻长,髋关节宽及坐骨宽)。现将主要部位的测量方法简介如下(图4)。

(1)体高 又称鬐甲高。为鬐甲最高点到地面的垂直距离。用测杖测量。

(2)腰角高 为腰角(即髋结节)前缘到地面的垂直距离。用

第二章 奶牛饲养员须具备的基础知识

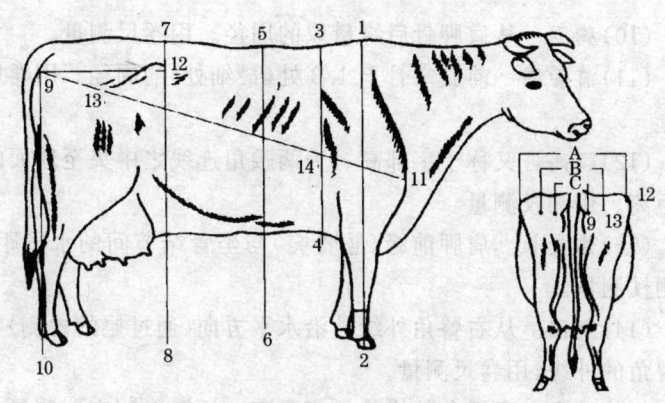

图 4 牛体常见测量部位示意图

1～2. 鬐甲高　3～4. 胸围　5～6. 背高　7～8. 腰高
9～10. 臀端高　9～11. 体斜长　9～12. 尻长　14. 胸宽
A. 后躯宽　B. 髋宽　C. 臀端宽

测杖测量。

(3) 臀高　又称荐高，尻高。为荐骨最高点到地面的垂直距离。用测杖测量。

(4) 胸深　沿着肩胛骨后角，从鬐甲至胸骨间的垂直距离。用测杖或圆形测定器测量。

(5) 胸宽　沿肩胛骨后角量胸部最宽的距离。用圆形测定器测量。

(6) 腰角宽　两腰角外缘间的距离。用圆形测定器测量。

(7) 臀端宽　也称坐骨宽。两坐骨结节外缘间的距离。用圆形测定器测量。

(8) 体斜长　由肩端（即肱骨突）前端至坐骨结节后缘间的距离。若用于表示家畜体长则用测杖量取两点间的最短距离，若用来估测家畜的体重则用卷尺量取。

(9) 臀长　也称尻长。为腰角前缘至坐骨结节后缘间的距离。用圆形测定器测量。

(10)胸围　从肩胛骨后缘量取的周径。用卷尺测量。

(11)前管围　前肢掌骨上 1/3 处(最细处)的周径。用卷尺测量。

(12)腰高　又称十字部高。为两腰角连线之中央至地面的垂直距离。用测杖测量。

(13)体直长　肩胛前缘(肱骨突)与坐骨结节间的水平距离。用测杖测量。

(14)腿围　从右臀角外缘处沿水平方向(通过尾的内侧)量到左臀角的外缘,用卷尺测量。

(15)髋宽　两臀角外缘的最宽距离。用圆形测定器测量。

(16)头长　由枕骨脊至鼻镜间的距离。用圆形测定器测量。

(17)额的最大宽度　眼眶最远的两点间的距离。用圆形测定器测量。

(18)臀端高　又称坐骨结节高,即以坐骨结节最后隆突至地面的垂直距离。用测杖测量。

5. 注意事项

第一,测定时一定要小心谨慎,防止被牛踢伤。接近牛体时要轻柔,态度温和,从牛体侧接近,一手持工具(右手),一手保护,动作要快。

第二,测定时牛体站立地面要求平坦,姿势端正,四肢必须与地面垂直,左右两侧的前后肢均须在同一直线上,头应自然前伸,即不左偏也不右偏,不高仰不下俯,后头骨与鬐甲近于水平。只有如此,结果才会准确。

第三,测量方法要严格按照要求,准确无误,测后离开牛体读数,并立刻记录。

第四,测量时 3 人一组配合进行,1 人测量,1 人协助,1 人记录,发现异常值要重复测量。

(三)牛体活重的测定

1. 测量牛体活重的作用与意义 后备母牛的体重是反映其生长发育状况的重要参数之一,在后备母牛的培育过程中,要求在不同的阶段有不同的增重,特定的月龄其体重达到理想的数值,如果超出一定的范围就要调整日粮或饲养管理措施。后备母牛的体重也是衡量饲养效果的重要指标,奶牛场一般根据后备母牛的增重情况考核饲养员的业绩。体重也是计算营养需要、给药量等的基础。因此,奶牛饲养员应该熟练掌握测定奶牛体重的方法。

2. 测量方法 测定牛的体重有用秤称量和用体尺计算两种方法。

(1)秤量法 称量牛的秤的最大称量范围应满足体重需要,一般为1 000千克。秤的感量(精度)应为0.5千克或以下。秤的上面应有一块足够大的平板,使牛能够平稳地站立在上面。平板最好能与地面高度一致,这样容易将牛牵引或驱赶到上面。有的现代化的牛场将电子地秤安装在牛场通道上,让牛在地秤上做暂短停留,就可读取牛的体重。

牛的消化道容积大,采食、饮水、挤奶等对称重结果的影响很大,不同时间称重结果差异很大,因而对称重的时间、牛的状态等条件必须有一严格的限定,称重的结果才准确。一般规定,牛的称重必须在早晨饲喂、饮水前进行,如果是泌乳牛,则应在挤奶后进行。称量牛的体重时,牛应安静、自然地站立在地秤上,以保证牛的体重均匀分布在地秤上。每头牛必须连续称重2次,分别在连续2天的早晨进行。2天称重结果之间的差异不应超过其体重的3%,平均数作为该牛的体重。

(2)体尺计算法 在没有称量设备的情况下,可通过测量牛的体尺用计算公式来估计牛的体重。牛体可被看作是一个近似的圆柱体,利用计算圆柱体积的公式可以近似计算出牛的体积。体积乘以牛体的比重,即为牛的体重。

$$体重(千克) = 胸围^2 \times 体长 \times 估测系数$$

$$估测系数 = \frac{体重(千克)}{胸围^2 \times 体长}$$

用体尺计算牛的体重有现成的经验公式,这些公式的原理相近,但所使用的估测系数不同,不同的公式适合不同类型的牛。因此,在选择所使用的公式时必须要与所要计算的牛相适应,才能使计算的结果准确。此外,体尺的测量必须准确无误,严格按要求操作,否则会差之毫厘失之千里。

用体尺估算体重的准确性受牛营养状况的影响。一般来说,牛的营养情况良好,估测值可能比实际体重低;如营养状况不好,估测值往往比实际值偏高。因此在应用时应根据牛的肥瘦程度增加一修正系数。

应用体尺通过公式计算得到的体重与实际体重可能会有一定的误差,误差的大小与体尺测量的操作方法和所用公式的正确与否有密切关系。下面是一个适用于乳牛和乳肉兼用牛的计算公式。

$$体重(千克) = 胸围^2(米) \times 体直长(米) \times 87.5$$

公式中的胸围指肩胛后角处体躯的垂直周径,用卷尺测量。体直长指肩胛前缘与坐骨结节间的水平距离,用测杖测量。

(四)体况评分

体况主要指奶牛的营养状况,即肥瘦程度。体况评分是用分数表示的奶牛的肥瘦程度。在奶牛生产中,体况评分作为成年奶牛饲养管理是否适当的一种评价指标和调整饲养管理的根据,其目的是为了最大限度地获得产奶量和减少繁殖问题。

体况评分是根据目测奶牛后臀部、腰椎后方、尾根和荐椎两侧的宽窄,将奶牛的不同体况分为1分至5分的5个等级。1分为特瘦,5 分为特肥。成年母牛在泌乳周期的各个不同的阶段,其理想的体况评分不同。

产犊前理想的体况评分应为 3~3.5 分,产后配种时应为 2.5 分,泌乳后期和干奶期应为 3~3.5 分。奶牛的体况评分如果高于该阶段的理想评分,表明日粮营养水平过高,如果低于该阶段的理想评分,表明日粮营养水平过低,均应进行调整。

成年母牛的体况与产奶和繁殖之间存在着非常密切的关系。

产犊时母牛过瘦,则说明其体脂贮备不足,产犊后泌乳早期不能动员出足够的能量用于产奶,导致产奶量下降;另一方面,由于母牛严重营养不良,产后子宫恢复缓慢,可导致发情延迟,受胎率低,产犊间隔延长。此外,酮病和真胃变位等代谢病的发病率也可能升高。

产犊时母牛过肥,则可能导致母牛难产,即使没有对母牛和犊牛的健康造成重大影响与威胁,助产过程也会对产道造成损伤,甚至引发子宫和产道炎症,同时也会使恢复期延长,产后发情配种延迟,加大产犊间隔,影响母牛的繁殖率;另一方面,产犊时过肥的母牛,产后往往食欲不佳,采食量低,动用体内贮存的脂肪过多,导致酮病和奶牛肥胖综合征,影响产奶量。

因此,在干奶期对奶牛要根据其体况进行合理地饲养,通过日粮营养水平对母牛的体况进行调整,使其在产犊时达到理想的体况,即中等偏上的水平,体况评分为 3.5 分,这是干奶期饲养的主要任务。

(五)奶牛的保定方法

牛的保定是指将牛体所处的位置和姿势相对固定的方法。在日常的饲养管理中,并不需要对牛进行任何保定,只有在对牛实施直肠检查、人工授精、兽医检查、治疗(投药、注射、手术等)、检疫和免疫、修蹄、去角、上耳标等时才进行保定。虽然上述操作主要由配种员、兽医、技术员执行,但奶牛饲养员应该了解保定的基本操作,以便在工作中进行协助。

1. 接近牛的方法 在奶牛生产中,经常需要对牛进行近距离接触,但牛对人的接近(特别是陌生人的接近)会本能地做出防御性反应与动作。由于牛体型大,力量也大,一个简单的动作就会对人造成严重的伤害,因此在接近牛时要特别小心谨慎。

牛角是牛争斗的武器。牛在发生争斗时最常见的攻击动作就是以角面对"敌方"的高速前冲。尽管乳用母牛(特别是荷斯坦奶牛)性情比较温驯,在一般情况下很少主动对人发起猛烈的攻击,但牛的性情具有很高的不确定性,有时会突然发怒。因此,在牛场工作的人员不能从牛的正前方向牛接近,也应尽量避免长时间站立、停留在牛的正前方,以免发生危险。

牛的后肢有向后外侧方踢人的本性,因此也不能从牛的正后和侧后方直接向牛接近或长时间站立、停留,以免发生危险。

接近牛的正确方法是从牛的前侧方缓慢向牛接近,并在与牛相隔一定距离之外先让牛感知你的存在,态度要从容、温和、友好。千万不能突然出现在牛的跟前或附近,使牛受到惊吓,导致攻击行为。

2. 控制牛的方法 关键是控制牛的头。在散养式奶牛场,用绳索拴在牛角的基部,可通过绳索对牛进行牵引或固定。如果牛没有角则用绳索编织成笼头,套在牛头上,借以对牛进行固定或牵引。

鼻镜及鼻孔是牛的最敏感部位,是控制牛头最有效的部位。对于公牛或比较烈性的牛,一般需在年轻时戴上鼻环。采用手术方法刺穿牛的鼻中隔,将金属牛鼻环穿入并固定在鼻中隔上,以牛鼻环有效控制牛。另外,用牛鼻钳夹紧牛的鼻中隔,通过控制牛鼻钳手柄控制牛效果非常好。当没有牛鼻钳时,有经验的健壮男士可用拇指与食指和中指相互配合,分别伸进牛的两个鼻孔中,掐住

第二章 奶牛饲养员须具备的基础知识

鼻中隔,也能起到牛鼻钳的作用。

在控制牛时,用手捂住或轻拍牛的眼睛,牛会因胆怯变得安静、温驯,可以作为控制牛的辅助方法。

3. 牛的保定方法 对牛进行保定可便于对牛实施某种操作,并在操作过程中保证牛和人的安全。由于对牛实施的操作不同,其保定的方法也不同。

(1)就地简单保定 指在牛舍、运动场等生产场所内的保定。不需要特殊的设施(如保定架等),仅借助牛舍内的颈枷、运动场周围的栏杆或立柱等对牛进行保定。这种保定一般只是用绳子拴住牛角的基部,将牛的头部固定在栏杆或立柱上,牛仍可站立,并能够在一定范围内自由活动。这种保定在奶牛场中的应用非常广泛,在进行直肠检查、人工授精、测量体温、投药、注射、检疫、免疫等操作时均可采用此种保定方式。这种保定方式不需要特殊设施,方法比较简单,使用灵活方便,对人、牛均较安全。但此种保定方式只能对牛进行简单的、短时间的操作,而且这种操作一般不应引起牛的剧烈疼痛和严重的恐惧。另外,在采用此种保定方式时,要确认栏杆、立柱、颈枷等十分坚固。

(2)保定架保定 保定架是专门用于保定牛的设施,一般由4~6根立柱和若干高低不等的固定与活动横杆组成。牛可被固定在保定架之中,活动受到严格的限制,加之保定架上的一些辅助部件和绳索的使用,能够按照操作人员的要求限制牛不同部位的活动或保持特殊的姿势。奶牛场在兽医室和配种室均设有保定架,用于对牛进行复杂操作时的保定,如对外伤伤口的处置、修蹄等。

(3)后肢的固定 对牛的后躯进行某些操作时需要将牛的后肢相对固定,以避免操作人员被牛踢伤。例如,奶牛在患乳房炎时乳房较敏感,检查与治疗时需要触碰乳房,引起牛的痛感而引发蹬踢等反抗行为,容易对操作人员造成伤害。方法为用柔软的绳子将牛的后肢在跗关节上方做"∞"形缠绕或用绳套固定,牛可以自然站立,但不能做大范围的活动(图5)。

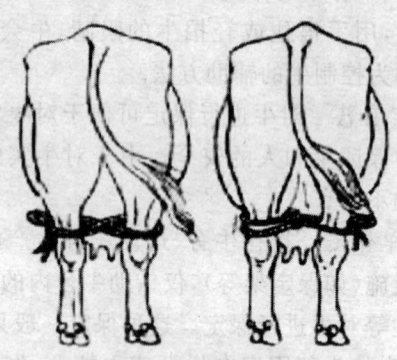

图5 后肢的固定

(4)复杂保定 对于一些特殊的操作需要对牛进行特殊的保定,如对牛的某个部位实施手术时。不同的操作需要的保定方式也不同,有时还需要使牛处于不同的卧位。这些特殊的保定比较复杂,牛场兽医在其学习或培训期间,设置了专门的课程进行学习,一般人员没有必要详细掌握,在此不再赘述。

(六)健康观察

奶牛的健康是进行生产的基础。对健康状况的观察和判断是饲养员须掌握的知识。牛的健康状况可以直接反映在牛的行为表现中,因此奶牛饲养人员在日常工作中应随时观察牛的行为表现。

1. 奶牛的正常行为与表现 健康状况良好的奶牛表现为:站立时神态安详,姿势自然,两眼有神,耳、尾灵活,反应灵敏,动作敏捷。被毛光泽整洁,鼻镜湿润有汗珠,呼吸平稳,食欲旺盛,咀嚼活泼有力,饮水正常。多食后喜卧,四肢屈于腹下休息并反刍,时有嗳气。粪便呈固有的形状,无异常气味,尿液淡黄色、清亮。

奶牛的正常体温为38℃~39℃,心跳(脉搏)为60~70次/分,呼吸频率为10~30次/分。

第二章 奶牛饲养员须具备的基础知识

2. 奶牛的异常行为与表现 异常行为可分为两类,其一为突发性的异常行为,另一类为经常性异常行为。

经常性异常行为多由蓄积性原因引起,如长期缺乏某种常量、微量矿物质导致牛的异食癖(吃沙、吃土、吃布条、啃饲槽等);犊牛的饲养管理不当可使其形成舔癖(犊牛之间相互舔嘴巴、鼻镜、乳头、被毛等);成年母牛的饲养管理不当可使其养成偷吃其他母牛或自己奶的恶癖。此类异常行为往往是在日常生产中逐渐形成的,有一个从无到有、由轻到重的过程,一般不会对牛产生突然的严重危害。但纠正这些异常行为往往也需要一个漫长的过程。在牛的饲养管理中,饲养人员应及时发现这些异常行为出现的苗头,尽快查明原因,及时予以纠正。如果任其发展,一旦形成习惯性恶癖,纠正起来则十分困难。

突发性异常行为往往与某种疾病、外伤、中毒等突发事件有关,并表现鼻镜干燥、食欲下降、精神沉郁、产奶量降低、离群独处等症状。根据突发性异常行为的表现,可大致判断其原因。例如:反刍减少或停止一般为前胃迟缓或瘤胃酸中毒的表现;跛行往往是肢蹄外伤或炎症的表现;粪便中含有许多未消化的饲料颗粒是消化不良或精饲料比例过高的表现,等等。突发性异常行为很容易在短时间内对牛的健康产生严重危害,甚至导致严重后果。因此,奶牛饲养员必须及时发现奶牛的突发性异常行为,立即上报至牛场兽医或其他有关人员,以便得到及时处理。

3. 体温测量方法 奶牛的体温以直肠温度为准。测量奶牛的体温使用兽医专用体温表。测量前先用手指捏住体温表的末端向下甩动数次,确认水银柱降至35℃以下。将体温表用酒精棉球擦拭消毒,然后抹上适量润滑剂(医用凡士林或水)。站在牛体侧面,用一只手提起牛的尾巴,另一只手将体温表慢慢插入奶牛的肛门。注意,插入体温表时水银球朝里,边插边转动,直到全部插入为止。然后放下牛的尾巴,并将连在体温表根部上的夹子固定于牛的臀部。5~10分钟后取出体温表,离开牛体进行读数。测温后将体温表清理干净,消毒后备用。

思考题

1. 奶牛在采食方面有何特性?掌握这些特性对奶牛饲养员有何帮助?
2. 牛有几个胃?每个胃的功能是什么?
3. 什么是牛的反刍?反刍对牛的消化有什么作用?
4. 牛瘤胃内环境有哪几个主要指标?正常值各是多少?如何维持牛瘤胃内环境的正常与稳定?
5. 奶牛需要哪些营养物质?这些营养物质的功能是什么?这些营养物质是如何消化吸收的?
6. 奶牛的常用饲料有哪些?其各自的特点是什么?
7. 什么是奶牛的日粮?配制奶牛日粮的步骤是什么?需要注意哪些问题?
8. 奶牛的饲喂工艺有哪几种?各自的优缺点和使用条件是什么?
9. 荷斯坦母牛的初情期、性成熟和初配适龄各指的是什么?各是什么时间?
10. 荷斯坦母牛的发情周期和发情持续期各为多长?什么是母牛的产后发情?
11. 荷斯坦母牛的发情表现有哪些?
12. 测量牛的体尺时应注意哪些问题?如何测定或估测牛的体重?
13. 什么是奶牛的正常行为和异常行为?

第三章　奶牛场组成

牛根据其经济用途可分为乳用型牛、肉用型牛和役用型牛三类。乳用型牛就是我们通常所说的奶牛，专门用于生产牛奶，饲养奶牛的目的是获得牛奶。肉用型牛就是我们通常所说的肉牛，专门用于生产牛肉，饲养肉牛的目的是为了获得牛肉。役用型牛就是我们通常所说的役牛，专门用于使役，饲养役牛的目的是为了用其耕田、驾车等。

乳用型牛的品种有荷斯坦牛、娟姗牛、更赛牛和爱尔夏牛。荷斯坦牛是全世界分布最广、饲养数量最多、生产性能最高的奶牛。我国的奶牛绝大多数是经过驯化，改良培育的荷斯坦牛，称为中国荷斯坦牛。

奶牛场是专门饲养奶牛的牛场。建设、经营奶牛场的目的是为了通过饲养奶牛获得牛奶，进而获得经济效益。奶牛场由奶牛、设施设备和工作人员三部分构成。

一、奶牛场的牛群结构

(一)奶牛场的牛群

所有奶牛场均采用周而复始、连续不断的生产方式。这种生产方式与蛋鸡场、肉鸡场和肥育猪场的阶段性批量生产完全不同。奶牛场达到设计生产规模、进入正常生产程序后，场中的奶牛普遍采用自我更新的方式，即由于年老、疾病、生产性能降低而被淘汰的母牛，基本上由本场母牛繁殖培育的后备母牛进行补充，一般不会再从场外购入奶牛。因此，奶牛场中不但有正在产奶的成年母牛，还有正在生长的不同阶段的后备母牛。

处于不同生理（或生长）阶段的奶牛在生理特点、生活习性、营养需求等方面存在很大不同。因此，对于这些处于不同生理阶段的牛必须区别对待，根据其各自的不同特点和需求提供相应的条件，如与其相适应的生活场所、日粮和饲养管理制度等。这就要求必须对处于不同生理阶段的奶牛进行分群管理。奶牛场一般分为哺乳犊牛群、断奶犊牛群、育成牛群、青年牛群、泌乳牛群和干奶牛群。因此奶牛场不饲养公牛，出生公犊3天后全部出售。

1. 哺乳犊牛群 哺乳犊牛指由母牛产出后到断奶前正在哺乳的牛。目前集约化奶牛场犊牛的哺乳时间在1.5~3个月，不同牛场之间差别很大，没有统一的规定。

2. 断奶犊牛群 对于奶牛来讲，一般将出生到6月龄（包括6月龄）的牛称为犊牛。因此，断奶犊牛是指由断奶到6月龄（包括6月龄）的牛。

3. 育成母牛群 育成母牛指7月龄到初次配种受胎的牛。荷斯坦母牛一般于14~16月龄配种。

4. 青年母牛群 青年母牛指初次配种受胎到初次产犊的牛。荷斯坦母牛妊娠期为280天（9.2个月）。如果育成母牛15月龄配种受胎，则在24月龄（即满2岁）时产犊。

哺乳犊牛、断奶犊牛、育成母牛、青年母牛统称为后备母牛。

5. 成年母牛群 成年母牛指第一次产犊以后的母牛。成年母牛又分为处于泌乳阶段的泌乳牛和处于不泌乳阶段的干奶牛。

（二）牛群结构及其影响因素

要维持奶牛场正常的生产活动，奶牛场各牛群之间必须有一个合理的比例，所谓的牛群结构即牛场中各类奶牛（处于不同生长阶段的牛）的数量与比例。

牛群结构受很多因素的影响，因此确定合理的牛群结构必须先设定某种条件。如果牛群规模保持不变、成年母牛更新率25％、繁殖成活率90％、剩余犊牛在断奶时出售（2.5月龄断奶），在不考虑后备母牛培育过程中成活率的问题时，合理的牛群结构应为：哺乳犊牛5.8％，断奶犊牛4.6％，育成母牛15.5％，青年母牛12％，成年母牛62％。在成年母牛中，有17％处于干奶、83％处于泌乳阶段。

牛群结构受以下因素的影响。

1. 成年母牛更新率 成年母牛更新率指成年母牛群中的母牛1年内被后备母牛所更新的比例（百分比）。成年母牛被淘汰的原因可以是自然死亡、疾病、体质欠佳、繁殖障碍、生产性能下降、年龄较高等。

一般情况下，奶牛场的成年母牛更新率为20％左右。按此比例，成年母牛群每5年全部更新1次。此比例较低时，牛群更新的速度较慢，成年母牛群平均年龄较大；反之牛群更新速度较快，成年母牛群平均年龄较小。成年母牛更新率较大时，成年母牛群中不符合理想要求的牛（质量较差的牛）可及时淘汰，从而提高整个牛群的生产水平，使牛群处于年轻、健康、有活力的状态。但成年母牛更新率的提高会增加奶牛场后备母牛的比例，因此花费更多的饲养管理费用，增加奶牛场的经营成本，同时也减少了出售后备母牛的数量，降低了这方面的收入。

2. 后备母牛的出售时间 假定奶牛场成年母牛繁殖成活率为90％，更新率为20％，后备母牛成活率90％，则牛场每年约有一半的后备母牛可以出售。例如，存栏100头成年母牛的奶牛场，按上述指标推算，每年可产犊牛90头，其中45头为母牛，其中可有40头存活到成年牛，成年母牛更新需20头，剩下的20头可以出售。如果这20头可以出售的后备母牛在断奶后即出售，那么牛场饲养的断奶犊牛、育成母牛、青年母牛就少；反之则多。

剩余的后备母牛可以在断奶以后任何时间出售。在产犊以前,出售的时间越晚,其价格越高,一般在产犊前出售价格最高。但出售的时间越晚,所花费的培育成本越高,所承担的死亡损失风险也越大。一般情况下,如果牛场有饲养剩余后备母牛的场地,在青年牛阶段出售比较有利。一方面经济效益最高,另一方面也可从中挑选出最好的后备母牛用于自己牛群的更新,因为后备母牛越大,选择就越准确。

3. 犊牛哺乳期的长短 如果哺乳期长则哺乳犊牛的比例就高,断奶犊牛的比例就低。另外,当剩余后备母牛在断奶后立即出售的情况下,断奶越早,后备母牛的比例就越低,成年母牛的比例就越高。因此,犊牛的哺乳时间也是影响牛群结构的因素。

4. 后备母牛的成活率 后备母牛的成活率指从出生到第一次产犊整个阶段的成活率。其中包括哺乳犊牛的成活率(一般为94%)、断奶犊牛的成活率(一般为97%)、育成母牛的成活率(一般为99%)和青年母牛的成活率(一般为99%)。后备母牛的成活率越高,其比例就越高,成年母牛的比例就越低。

二、奶牛场的设施与设备

奶牛场的设施和设备既要保证牛只安全、舒适和有利于其生产性能的发挥,又要便于饲养人员的操作,以提高工作效率。

奶牛场的设施设备及其布局与其所采用的生产工艺密切相关,不同生产工艺的设施设备及其布局不同,但共性多于差异性。

(一)奶牛场的主要设施

包括生产设施,辅助生产设施,管理办公设施,娱乐、休息、生活设施,公用设施等。

1. 生产设施 奶牛场的主要生产设施包括:牛舍、牛运动场、挤奶厅、兽医室、配种室、牛只走廊等。

第三章　奶牛场组成

(1) 牛舍　牛舍是奶牛场最主要的生产设施,建筑面积也最大。由于奶牛场的奶牛分成不同的牛群进行饲养管理,不同牛群的年龄、大小、习性、饲养管理工艺不同,对牛舍的要求也不同。因此,牛场根据各类牛群的结构和要求建设相应的成年母牛舍、青年牛舍、育成牛舍、断奶犊牛舍、哺乳犊牛舍和围产牛。

成年母牛由于在牛群结构中比例最大,因而奶牛场中成年母牛舍最多,干奶牛群、泌乳盛期牛群、泌乳中期牛群和泌乳后期牛群可使用相同的牛舍。

采用不同的饲养管理工艺,成年母牛舍的建筑方式和内部结构有很大不同。散栏饲养工艺牛舍内设采食区、休息区和活动区,在休息区设有自由卧床,舍内饲喂通道较宽,牛舍的门宽大,便于机械化饲喂,并且具有自动饮水装置和自动清粪装置;拴系饲养工艺牛舍比较简单,设饲喂通道、清粪通道、站立牛床等,无卧床,但需配备管道式挤奶设备。

青年母牛舍、育成牛舍和断奶犊牛舍相对简单。由于后备母牛个体比成年母牛小,牛舍内设计尺寸比成年母牛舍小。

哺乳犊牛舍在户外单独设置,称户外犊牛栏。户外犊牛栏多建于背风向阳、地势高燥、排水良好的地方,由轻质板材组装而成,每个犊牛栏饲养1头犊牛,栏与栏之间相隔一定的距离,可随意拆装移动。

围产牛是母牛产犊的场所,妊娠母牛临产前15天进入围产牛,产犊后15天离开围产牛。由于妊娠母牛腹围大,母牛产犊时需要接产和助产,母牛产犊后需要对其子宫和产道进行监护,这些操作都需要一定的空间,因此围产牛要比成母牛舍设计尺寸大一些,地面应做防滑处理,墙壁应光滑,以方便经常性的消毒,如果在寒冷地区,围产牛应有供暖设施。

(2) 牛运动场与凉棚　奶牛与其他畜禽不同的地方是养殖时间长。如果没有其他原因,一头母牛可饲养10年以上,平均利用

5个胎次,即7岁以后才淘汰。因为小牛出生后要2年以上才能投产,牛的繁殖力也低,因此牛的价值较高,从经济角度考虑,应尽可能延长母牛的使用年限。因此,奶牛的健康就显得十分重要。运动对保持牛的健康十分重要,因此除哺乳犊牛外,其他牛舍一般都配备一定面积的户外运动场。运动场越大越好。要求干燥、排水良好,地面不软不硬平整无石块。如果是采用拴系管理工艺,运动场上应建一定面积的凉棚,为牛只遮荫避雨。在运动场上还应设饮水、补饲设施。

(3)兽医室与配种室 兽医室主要负责牛场的环境消毒,奶牛的防疫、检疫、免疫、各种疾病的治疗和保健工作。兽医室应有办公室、药品库、治疗操作间和化验室。

配种室主要负责奶牛的发情鉴定、人工授精、妊娠检查、预产期预报、产后母牛生殖系统监护和繁殖障碍的治疗,并与兽医配合治疗产科疾病。配种室应有办公室、精液贮存室、操作间、牛只保定架等。

(4)挤奶厅 采用散栏饲养工艺的奶牛场,建挤奶厅统一挤奶,挤奶厅除了进行奶牛的挤奶操作外,还兼具牛奶的暂时贮存功能。

(5)奶牛走廊 奶牛走廊也就是牛道,是牛场内专门用于奶牛通行的道路。奶牛走廊的作用一是用于奶牛的转群,二是用于泌乳母牛由牛舍到挤奶厅之间的往返。建设要求是奶牛行走方便,对牛蹄的磨损小,距离短,转弯少,不能有大角度的弯,并设置一些与人行道的交叉点,人可以穿过,但牛不能出来。

2. 辅助生产设施 奶牛场的辅助生产设施包括:精料库与加工间、干草棚、青贮窖、消毒更衣室、锅炉房、水井与泵房、配电房(包括备用发电机房)、地磅房、机修间、仓库等。

(1)精饲料库与加工间 精饲料库主要贮存精饲料原料,如玉米、豆粕、棉籽粕、麸皮、石粉、磷酸氢钙等。饲料加工间主要加工精料补充料。因此,精饲料库与饲料加工间一般建在一起。

精饲料加工间内安装饲料加工设备,主要是粉碎机和混合机。粉碎机的噪声很大,且有一定程度的粉尘,因而要远离办公区与生活区,在保证加工噪声与粉尘不影响奶牛正常生活的前提下,距牛舍最近,使运输距离最短,降低运输成本。

另外,在采用全混合日粮饲喂工艺的奶牛场,精料库与加工间还应建在青贮窖和干草棚附近。便于生产和运输,并建在上风口。

(2)干草棚　干草棚的建设地点和建筑特点最重要的是防水和防火。干草棚的占地面积由需贮备青干草的数量而定,且建在上风口。

(3)青贮窖　青贮窖有地上窖、地下窖和半地下窖几种形式,可根据牛场内的地形建设。青贮窖的设计建造需取用方便,防止水淹,建排水沟,处于牛场上风口。

(4)消毒更衣室与消毒池　消毒更衣室是进入奶牛场的人进行消毒、更换工作服和胶靴的地方。消毒的目的是防疫,防止病原性微生物被带入场内。消毒的重点是鞋底(通过脚踩铺在消毒槽中浸透消毒液的吸水物完成)和手(通过用消毒液洗手完成)。体表消毒通过消毒更衣室屋顶和墙壁上的紫外线灯完成。换穿工作服的作用有两个,其一是避免原来衣服上的微生物或其他有害物质污染场内,其二是对人员自身的保护,即防止牛场内的有害物质损害人的健康。

消毒池主要对进出奶牛场的车辆进行消毒。车辆消毒池是一个水泥浅池,内放消毒液,深度能够保证1/2以上的轮胎橡胶部分浸入消毒液中。车辆消毒池应有一定的长度,能保证最大车辆的轮子能够在消毒液中行驶1周以上。

消毒更衣室和车辆消毒池一般建在奶牛场生产区的入口处。

(5)粪污处理设施　奶牛的粪尿排放量很大,每头成年牛每日可达几十千克甚至100千克。冲洗牛舍的废水数量也很大。这些污染物必须经过处理才能排放,以免污染环境。奶牛场的粪污处理设施因采用的处理工艺不同而有很大差别。最简单的处理方式是对固体粪便进行天然堆放发酵处理,污水采用沉淀发酵处理,所需要的设施相应为粪便堆放场和污水沉淀发酵池,应建在下风口处,并远离牛舍。

(二)奶牛场的主要设备

1. 牛舍设备

(1)颈枷 在拴系饲养牛舍内,颈枷用于将奶牛固定于槽位上,牛在槽位上不能随意大范围活动,但可以自由起卧;在散栏饲养牛舍,颈枷用于防止牛进入饲喂通道,并固定牛的采食位置,牛可以自动进出颈枷。拴系饲养牛舍和散栏饲养牛舍的颈枷在结构上是不同的。不同月龄牛的颈枷的大小也不同。

(2)卧床 卧床是散栏饲养牛舍的特有设备,牛可以随意躺卧在上面休息。每个卧床只能容纳1头牛,数个或数十个卧床连成一体,卧床与卧床之间用隔栏隔开。

(3)饲槽 用于盛放饲料,位于颈枷前端。成年母牛、青年牛、育成牛的饲槽尺寸不同。

(4)饮水设备 散栏饲养牛舍一般在舍内安装自动饮水器或饮水槽。拴系饲养牛舍大多在运动场设置饮水槽。在寒冷地区要注意冬季饮水设备的防冻问题。应注意饮水槽周边的泥泞和防滑问题。

(5)环境控制设备 风机是各类牛舍都要使用的常规设备,有两方面的作用:一为通风换气,防止舍内湿度过高和有害气体(主要为二氧化碳和硫化氢)的聚集;二为夏季牛舍的降温。

在热带地区,牛舍应安装喷淋设备,用于夏季的防暑降温。在我国大部分地区,普通牛舍一般不安装采暖设备,但在寒冷地区围产牛应安装适当的采暖设备。

(6)清粪设备 散栏饲养牛舍一般采用机械清粪方式,应安装清粪设备。拴系饲养牛舍一般采用人工清粪方式,不需要特殊的清粪设备。

(7)冲洗设备 牛舍内应安装冲洗设备,特别是散栏饲养牛舍。冲洗设备一般为高压水枪,也可以是普通的水管。

2. 运动场设备 运动场周围设有护栏,以保证牛只被有效限制在运动场内。护栏高度、栏杆间隔视牛群内牛大小而定。护栏应有一定强度。运动场中应设有自动饮水装置,能够连续提供清洁饮水。自动饮水装置的周边应防滑、防泥泞。寒冷地区,运动场自动饮水装置应有防冻保温措施,防止饮水设施结冰和水温过低。此外,还应设有粗饲料补饲槽,供牛自由采食,增加粗饲料采食时间,此项对高产泌乳母牛尤为重要。

3. 饲料加工设备

(1)精饲料加工设备 由于精补料不宜贮存,因此奶牛场可购买各种原料(玉米、豆粕、棉籽粕、麸皮)自行加工。精饲料加工设备主要有粉碎机和混合机,配套相应的去铁除杂设备。精饲料加工设备安装于饲料加工间内。

(2)粗饲料加工设备 有铡草机和揉搓机。粗饲料加工设备一般安装在干草棚附近或直接安装在干草棚中。

(3)青贮饲料设备 包括青贮制作设备和青贮取用设备。

制作青贮最好使用专用青贮收割机,可集收割与铡切一起进行。牛场一般租用,也可由铡草机代替。

青贮取用设备一般为青贮饲料切割机。使用该设备的好处是可节省人工,同时可有效防止青贮的二次发酵。青贮取用设备在国外普遍采用,但在我国目前使用的不多。

4. 饲喂设备 包括TMR混合车、各种用于饲喂的设备及用具和自动补料设备。

5. 挤奶设备与牛奶贮存和运输设备 此项内容请见本丛书《奶牛挤奶员培训教材》中相关内容。

6. 兽医设备 一般包括牛场环境清洗消毒设备、牛只保定设备、疾病检查治疗器具、血液尿液生化检验设备、检疫免疫设备、器具消毒设备、外科手术器具、剖检器具、微生物培养设备、修蹄设备、产科器具、冰箱冰柜等。

7. 配种设备 一般包括精液保存设备、精液检查设备、精液解冻设备、发情鉴定设备、妊娠检查设备、产科检查设备、接产助产器具、产科治疗设备等。

8. 运输车辆 办公用车每个牛场配置1辆,车型应考虑能够携带部分货物。场外运输车辆用于各种饲料原料的运输,一般为10吨以下卡车,可根据牛场规模等情况配置1~2辆。场内运输车辆包括场内饲料运输车辆和牛粪运输车辆,一般以小四轮拖拉机为宜,但应考虑噪声问题。

三、奶牛场的布局

奶牛场按功能划分为管理办公区、生活区、辅助生产区、奶牛生产区和粪污处理区。各区内分别建设相应的各种设施。各区之间用围墙明确分开,但建有相互联系的各种通道。

(一)办公管理区

办公管理区一般位于场区的最前端,并有主干道与场外公路相连接,以便于与外界的联系。管理办公区内主要有办公室、会议室、资料室等设施,在其前面中央或一角建大门,设门卫和收发室。管理办公区设有相应的通道与辅助生产区和生产区相连,方便工作人员通行。

(二)辅助生产区

包括精饲料库和加工间、干草棚、青贮窖、库房、机修间、锅炉房、水井与泵房、配电室、地磅房等设施。

辅助生产区必须有与外界相连的道路,以方便各种饲料原料的运进。

由于辅助生产区内的设施较多,区内各种设施的合理布局也必须给予足够重视。例如,干草棚的防火问题,水井的防污染问题等。

辅助生产区与奶牛生产区之间必须设置良好的道路,隔墙门的设计应注意保证饲料运输车辆和设备的顺利通行。

青贮窖、干草库、精饲料库、精饲料加工间最好能够邻近布置,这样更方便于制作全混合日粮。

日粮供应系统最好与泌乳牛舍靠近,因为泌乳牛是奶牛场中比例最高的牛群,也是个体采食量最大的牛群,这样布局可缩短日常生产中日粮运输的距离,降低运行成本。

(三)奶牛生产区

奶牛生产区内有泌乳牛舍、干奶牛舍、青年牛舍、育成牛舍、断奶犊牛舍、哺乳犊牛舍、围产牛、运动场与凉棚、挤奶厅、兽医室、配种室、奶牛走廊等。区内中间为净道,用于饲料的运进;两边为污道,用于粪便的运出。各牛舍之间有便道,用于饲料的运进、粪便的运出及牛只的调动。在泌乳牛舍与挤奶厅之间设奶牛走廊,用于泌乳母牛在牛舍与挤奶厅之间来往。

奶牛生产区内各类设施的建设布局与奶牛的生产工艺流程相适应。一般围产牛与哺乳犊牛舍、干奶牛舍和泌乳牛舍相邻,哺乳犊牛舍与断奶犊牛舍相邻,断奶犊牛舍与育成牛舍相邻,育成牛舍与青年牛舍相邻,挤奶厅建在各泌乳牛舍中间,配种室和兽医室应与挤奶厅和围产牛靠近。这样布局可方便各类牛只的转群,使生产及管理更为方便。

在奶牛生产区的一角一般建有隔离牛舍,用于患病牛只的隔离。

(四)粪污处理区

粪污处理区的主要功能是将场区的废弃物(牛的排泄物及生产、生活废水)做无害化处理和短期贮存。有的牛场还在此基础上兴建有机肥加工厂或沼气生产设施,以牛粪为原料生产特种有机复合肥或沼气,这样既保护了环境,又可创造经济效益。由于防疫和环保的考虑,奶牛场的粪污处理区一般建在场区的最后面,以围墙与奶牛生产区隔开,并向场区外单独开门,以便经无害化处理的牛粪、废水和其他相关产品的直接运出。

(五)生 活 区

奶牛场的生活区包括职工宿舍、食堂、浴室和综合文娱活动设施等。有的奶牛场将其建在办公区旁边,有的牛场将其单独建设。

各区的布局见图6和图7。

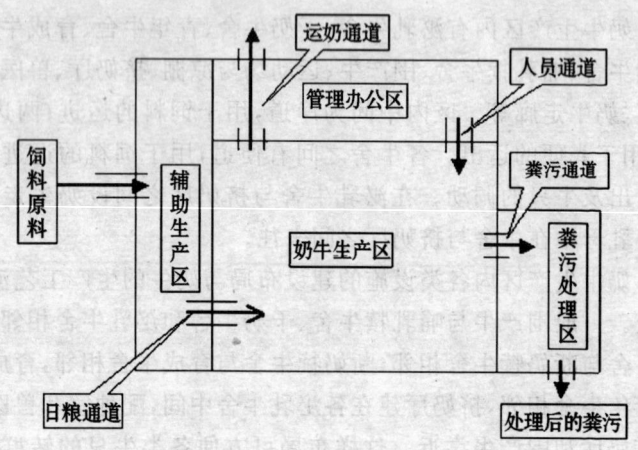

图6 奶牛场功能区平面布局示意一

第三章 奶牛场组成

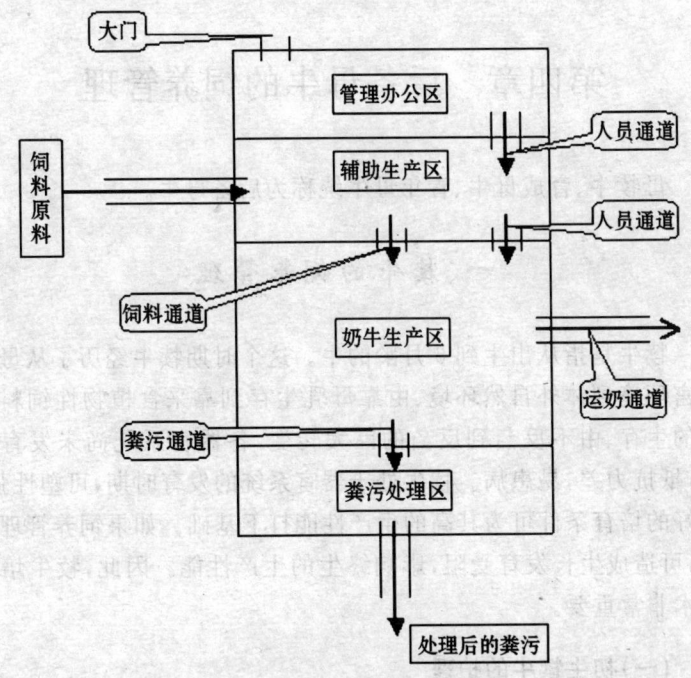

图7 奶牛场功能区平面布局示意二

奶牛场布局应据地势、地形合理安排。小型奶牛场或个体养殖户可只建设主要功能区。布局的总原则是服务于人的区域在上风口,粪污处理区在下风口,生产区在中间。

思 考 题

1. 奶牛场分哪几个牛群?各牛群中各饲养哪个阶段的牛?各牛群的大致比例是多少?

2. 奶牛场的主要设施与设备有哪些?其各自的功能与作用是什么?

3. 奶牛场应分为哪几个区域?各区域的构成和功能是什么?

第四章　后备母牛的饲养管理

母犊牛、育成母牛、青年母牛统称为后备母牛。

一、犊牛的饲养管理

犊牛是指从出生到 6 月龄的牛。这个时期犊牛经历了从母体子宫环境到体外自然环境、由靠母乳生存到靠采食植物性饲料为主的生存、由不反刍到反刍的巨大转变,各器官系统尚未发育完善,抵抗力差,易患病。犊牛处于器官系统的发育时期,可塑性强,良好的培育条件可为其高的生产性能打下基础。如果饲养管理不当,可造成生长发育受阻,影响终生的生产性能。因此,犊牛培育技术非常重要。

(一)初生犊牛的护理

初生犊牛的护理是犊牛培育的第一步。犊牛出生后应立即做好如下工作。

1. 清除口腔和鼻孔内的黏液　犊牛出生后应立即清除其口腔及鼻孔内的黏液,以免妨碍犊牛的正常呼吸或将黏液吸入气管及肺内造成窒息。如果犊牛产出时已将黏液吸入而造成呼吸困难时,可 2 人合作,1 人握住犊牛两后肢,倒提,另 1 人拍打犊牛的背部,使黏液排出。如果犊牛产出时已无呼吸,但尚有心跳,可在清除其口腔及鼻孔黏液后将犊牛在地面摆成仰卧姿势,头侧转,按每 6~8 秒钟 1 次的频率按压犊牛胸部,进行人工呼吸,直至犊牛能自主呼吸为止。

2. 断脐带　犊牛出生后脐带一般会自然断裂,如果脐带尚未自然扯断，应进行人工断脐。方法是用两手卡紧脐带，往犊牛腹部方向捋挤几次，然后用消毒过的剪刀将脐带剪断，并将脐带的断端涂擦5%的碘酊，不必包扎，让其自然干燥、脱落。

3. 擦干被毛 断脐带后，应尽快擦干犊牛身上的被毛，以免犊牛受凉，尤其在环境温度较低时更应如此。也可让母牛自己舔干犊牛的被毛，其优点是可刺激犊牛呼吸，加强血液循环，促进母牛子宫收缩，及早排出胎衣；缺点是会造成母牛恋仔，导致挤奶困难。

4. 及时喂初乳 初乳是母牛产犊后5～7天内分泌的乳汁，色深黄而黏稠，并有特殊气味。由于母牛胎盘的特殊结构，母体血液中的免疫球蛋白不能在胎儿时期通过胎盘传给胎儿，因而新生犊牛无免疫能力。初乳中含有大量的免疫球蛋白，犊牛可通过吃初乳来获得免疫能力。新生犊牛皱胃不能分泌胃酸，因而进入消化道的细菌不能在真胃中被杀死，而初乳酸度较高，有杀菌作用。初乳中有溶菌酶和K-抗原凝集素，也有杀菌作用。初乳中含有大量镁盐，镁盐具有轻泻作用，有利于犊牛胎便的排出。此外，初乳干物质含量高，营养丰富，尤以蛋白质、胡萝卜素、维生素A含量是常乳的几倍。因此，按规定的时间和喂量正确饲喂初乳，对保证新生犊牛的健康非常重要。

犊牛在出生时肠壁的通透性强，初乳中的免疫球蛋白可直接通过肠壁以未被消化的状态吸收。但随着时间的推移，犊牛肠壁的通透性下降，导致吸收免疫球蛋白的能力减小，且初乳中的免疫球蛋白浓度也会随时间的推移而降低。因而，犊牛应在出生后1小时内吃到第一次初乳，而且越早越好。

一般初乳日喂量为犊牛体重的8%。第一次初乳的喂量应为1.5～2千克，不能太多，以免引起消化紊乱，以后可随犊牛食欲的增加而逐渐提高。

初乳的饲喂方法有两种，一是让犊牛自己吸吮母亲的奶。此法喂量不易控制,也易造成母牛挤奶困难,一般不采用;二是挤出初乳后人工哺喂犊牛,每日2~3次。如喂前初乳温度太低应用水浴加温到35℃~38℃再喂。喂后1~2小时饮温开水1次。3~5天后转为饲喂常乳。

犊牛出生后如果其母亲死亡或患乳房炎,使犊牛无法吃到初乳时,可用其他产犊时间基本相同的健康母牛的初乳代替。如果没有产犊时间基本相同的母牛,也可用常乳代替,但必须在每千克常乳中加入维生素A 2 000单位,土霉素60毫克,并在第一次喂奶后灌服液状石蜡或蓖麻油50毫升,也可将其混于奶中饲喂,以促使胎便排出。5~7天后停喂维生素A、土霉素减半直到20日龄左右。

(二)哺乳犊牛的饲养

1. 犊牛的哺乳方法 犊牛出生后的4~5天内饲喂初乳,以后饲喂常乳,一般采用人工哺乳方法。人工哺乳既可人为地控制犊牛的哺乳量,又可较准确地记录母牛的产奶量,同时可避免母子之间传染病的传播。人工哺乳方法有两种,即用桶喂或用带奶嘴的哺乳壶喂,后者效果较好。

哺乳犊牛需定时定量,奶温应保证38℃~40℃。喂奶速度要慢,每次喂奶时间应在10分钟以上,以免造成部分乳汁流入瘤网胃,引起消化不良。每次喂完奶后用干净毛巾把犊牛口鼻周围残留的乳汁擦干,每头犊牛一个奶嘴和一条毛巾,不能混用,以防止传染病的传播。每次喂完奶后用颈枷将犊牛夹住十几分钟,以免犊牛互相乱舔,养成舔癖,传染疾病。哺乳用具要严格清洗消毒。

2. 犊牛的哺乳期和哺乳量 传统上犊牛哺乳期为6个月,喂奶量为800~1 000千克。随着人们对犊牛消化生理认识的深入,为了降低犊牛的培育成本,犊牛的哺乳期不断缩短,喂奶量不断降低。由于哺乳期的长短和喂奶量与培育犊牛的技术水平、培育条件及饲料条件密切相关,因而,哺乳期短者2~4周,长者20周以上,差别很大;哺乳量少者几十千克,多者达1 000千克,很难统一标准。根据目前我国奶牛的饲养管理水平,采用2个月左右的哺乳期,200~300千克的哺乳量较为可行。

3. 固体饲料的饲喂与断奶 犊牛初乳期过后,即在出生后5~7天便应开始训练其采食固体饲料,固体饲料以谷物精料为好,也可以是全价混合料,投喂优质青干草,自由采食。随着犊牛采食固体饲料的增加可逐渐降低喂奶量。当犊牛谷物精料的采食量达到其体重的1%时即可断奶。犊牛提早断奶不但可以降低犊牛的培育成本,还可促进犊牛瘤胃的发育,为以后提高生产性能打下基础。但必须注意饲喂犊牛的固体饲料必须营养全面,容易消化,且适口性要好。

(三)断奶犊牛的饲养

犊牛断奶后饲料采食量增加,增重速度加快。由于瘤胃容积有限,不能使用低质粗饲料,否则不能满足犊牛的营养需要。日粮精饲料比例为40%~60%,视粗饲料的质量而定,粗饲料质量较高时可以适当降低日粮的精饲料比例。精料的采食量一般不宜超过2千克,其余用优质粗饲料来满足粗纤维的需要和瘤胃发育的需要,并保证充足的清洁饮水。

(四)犊牛的管理

1. 编号、称重、建系谱 犊牛出生后应称初生重,对母犊牛进行编号,对其毛色花片、外貌特征、出生日期、系谱等情况做详细记录,有条件时可对犊牛进行拍照,以便管理和育种工作中使用。

2. 犊牛的饲养地点 在温暖地区,犊牛出生后即放入户外犊牛栏,每头犊牛单独一栏。

在寒冷地区的冬季,犊牛出生后先放入围产牛内的犊牛保育栏内,每牛一栏隔离饲养,15日龄后转入哺乳犊牛舍犊牛栏中集中饲养。犊牛断奶后转入断奶犊牛舍群饲。

犊牛栏(特别是饲养哺乳犊牛的地点)应定期洗刷消毒,勤换垫料,保持干燥,空气清新,阳光充足,并注意保温。

3. 运动 运动可锻炼犊牛体质、增进健康。户外运动还可使犊牛接受日光浴,促进血液循环和维生素D的合成,阳光中的紫外线具有杀菌作用。在户外犊牛栏饲养的犊牛有接受阳光的机会。在舍内饲养的犊牛,夏季出生后3～5天,冬季出生后10天即可将其赶到户外运动场,每天0.5～1小时。1个月后每日2～3小时,上、下午各1次。断奶犊牛可根据户外天气情况进一步增加户外运动时间。

4. 刷拭 刷拭可保持犊牛身体清洁,防止体表寄生虫的孳生,促进皮肤血液循环,增强皮肤代谢,促进生长发育,同时可使犊牛养成温驯的性格。刷牛用专用毛刷,顺序是从前到后,从上到下。每天刷拭1～2次,分别在采食后进行。

5. 去角 角是牛争斗的武器,牛去角后易于管理,减少争斗造成的外伤。母犊牛均应去角,去角应在出生后7～10日进行。去角可采用烙铁烧烙或苛性钠棒腐蚀的方法。

6. 去掉副乳头 奶牛乳房有4个正常的乳头,每一乳区1个。但有的奶牛在正常乳头的附近有小的副乳头,应将其除掉,以免影响日后机器挤奶。其方法是用消毒剪刀剪掉,并涂布5%碘酊等消炎药消毒。

7. 预防疾病 由于犊牛抵抗力较差,犊牛期是牛发病率较高的时期,尤其是在出生后的头几周。此期的主要疾病是肺炎和腹泻。

引发肺炎的最直接因素是环境温度的骤变,因此做好保温工作是最好的预防办法。

犊牛的腹泻可分2种,一是由于病原性微生物所引起的腹泻,预防的办法主要是注意犊牛的哺乳卫生,哺乳用具用后要严格清洗消毒,犊牛舍和犊牛栏须保持良好的卫生条件。二是营养性腹泻,预防的办法为注意奶的喂量不要过多,温度不要过低,代乳品的品质要符合犊牛营养和消化生理要求,饲料的品质要好。

(五)犊牛培育中使用的特殊饲料

犊牛培育中使用的特殊饲料主要有 2 大类,即犊牛代乳料和犊牛开食料。

1. 犊牛代乳料 犊牛代乳料是模拟牛奶的特性制作的商品饲料,用水冲调后可代替部分或全部鲜奶饲喂犊牛,所以又称人工奶粉。代乳料的配方、原料和生产工艺要求很高,价格也较高,但使用它代替鲜奶饲喂犊牛在经济上比较合算,而且比饲喂鲜奶容易控制,也较便于机械化操作,因而在发达国家采用较多,我国目前采用的不多。

2. 犊牛开食料 为了降低犊牛培育成本,乳用犊牛的哺乳期越来越短,哺乳量也越来越低,由此产生的一个很重要的问题是如何使犊牛较早地适应从以牛奶为主要营养来源到以固体饲料为主要营养来源的过渡。要想顺利地实现这一过渡,犊牛开食料是关键。犊牛开食料是根据犊牛消化道及其酶类发育规律所配制的,能够满足犊牛营养需要的一种特殊饲料,其特点是营养全价,易消化,适口性好。

二、育成母牛的饲养管理

育成母牛是指 7 月龄到初配受胎(14~18 月龄)这段时期的母牛。育成母牛对环境的适应能力已大大提高,亦无妊娠、产奶的负担,疾病较少,饲养管理相对比较容易。但育成母牛是体型、体重增长最快的时期,也是繁殖功能迅速发育并达到性成熟的时期。

育成期饲养的主要目标是通过合理的饲养管理使其按时达到理想的体型、体重标准和性成熟，按时配种受胎，并为其一生的高产打下良好的基础。

(一) 7～12月龄母牛的饲养

7～12月龄是母牛达到生理上最高生长速度的时期，在饲料供给上应满足其快速生长的需要，避免生长发育受阻。虽然此期育成母牛已能较多地利用粗饲料，但在初期瘤胃容积有限，单靠粗饲料并不能完全满足其快速生长的需要，因而在日粮中补充一定数量的精料是必需的，一般每日每头1.5～3千克，视牛的大小和粗饲料的质量而定。粗饲料供给量为其体重的1.2%～2.5%，以优质干草为好，亦可用青绿饲料或青贮饲料替代部分干草，但替代量不宜过多，不超过10千克/日·头。

(二) 13月龄至初配母牛的饲养

13月龄至初配受胎时期的育成母牛消化器官已基本发育成熟，充足的优质粗饲料基本上可满足其生长发育的营养需要，但如果粗饲料质量较差，应适当补充精料，精料给量以1～3千克/头·日为宜，视粗饲料的质量而定。青绿饲料或青贮饲料的饲喂量逐渐达到15千克/日·头，锻炼采食量，为产奶时的高采食量做准备。

(三) 育成母牛的管理

育成母牛的管理应注意以下几个方面：7～12月龄的牛和13月龄到初配受胎的牛应分群饲养。母牛达14～16月龄，体重达350～380千克时进行配种。因育成母牛采食大量粗饲料，必须供应充足的饮水。由于此期育成母牛生长较快，应注意牛体的刷拭，及时去除皮垢，促进生长，由此亦可使牛性情温驯，易于管理。育成母牛蹄质软,生长快,易磨损,应从 10 月龄开始,在每年春、秋两季各修蹄 1 次。保证每日有一定时间的户外运动,促进牛的发育和保持健康的体型,为提高其利用年限打下良好基础。

三、青年母牛的饲养管理

青年母牛是指从初配受胎到分娩这段时期的母牛。胎儿的生长和乳腺的发育是青年母牛突出的特点,但是此时母牛尚未达到体成熟,身体的发育尚未完全。在饲养管理上除了保证胎儿和乳腺的正常生长发育外,还要考虑母牛自身的生长与发育。

(一)青年母牛的饲养

母牛进入青年期后,生长速度变缓,在妊娠前期胎儿与母体子宫绝对重量增长不大,因而妊娠前半期的饲养可与育成母牛基本相同,以青粗饲料为主,视具体情况补充 1~3 千克/日·头的精料。

从妊娠的第六个月开始,胎儿生长速度加快,所需营养增多,应提高饲养水平,增加精料给量,在保证胎儿生长发育的同时,使母牛适应高精料日粮,为产后泌乳时大量采食精料做好必要准备。但须避免母牛过肥,以免发生难产。

(二)青年母牛的管理

青年母牛的管理应做好以下工作:加大运动量,以防止难产。防止驱赶运动,防止牛跑、跳、相互顶撞和在湿滑的路面行走,以免造成机械性流产。防止母牛吃发霉变质的饲料和饮冰冻的水,避免长时间雨淋。加强母牛的刷拭,培养其温驯的习性。从妊娠第 5 到 6 个月开始至分娩前半个月为止,每日用温水清洗并按摩乳房 1 次,每次 3~5 分钟,以促进乳腺发育,并为以后挤奶打下良好基础。计算好预产期,产前 2 周转入围产牛。

思考题

1. 什么是初乳？初乳的特点是什么？初乳有什么重要作用？如何饲喂初乳？

2. 犊牛、育成母牛、青年母牛在生理和消化功能方面各有哪些特点？

3. 犊牛、育成母牛、青年母牛的饲养管理要点各是什么？

第五章 成年母牛的饲养管理

成年母牛是指初次产犊后的母牛。从第一次产犊开始,成年母牛周而复始地重复着产奶和干奶、配种、妊娠、产犊的生产周期。成年母牛的饲养管理直接关系到母牛产奶性能的高低和繁殖成绩的优劣,进而影响奶牛生产的经济效益。

一、有关成年母牛饲养管理的几个基本概念

成年母牛的饲养管理是奶牛生产的核心。为了便于理解成年母牛的饲养管理,首先应掌握一些有关成年母牛饲养管理的基本概念。

(一)泌乳阶段的划分

奶牛的1个泌乳周期包括2个主要部分,即泌乳期(约305天)和干奶期(约60天)。在泌乳期,奶牛的产奶量并不是固定的,而是呈规律性变化,采食量、体重也呈规律性的变化。为了进行科学的饲养管理,将泌乳期划分为3个阶段:
1. **泌乳早期** 从产犊开始至第十周末。
2. **泌乳中期** 从产后第十一周至第二十周末。
3. **泌乳后期** 从产后第二十一周至干奶。

(二)泌乳曲线

奶牛在从产犊到干奶的整个泌乳过程中,产奶量呈一定的规律性变化。以时间为横坐标,以产奶量为纵坐标,得到的泌乳期奶牛产奶量随时间变化的曲线称为泌乳曲线,是反映奶牛泌乳情况

既直观又方便的形式。

(三)母牛在泌乳周期中产奶量、采食量和体重的变化规律

母牛在整个泌乳周期中的产奶量、采食量和体重发生规律性的变化:母牛产犊后产奶量迅速上升,第十周达到最高峰,以后逐渐下降;母牛产犊后采食量逐渐上升,第二十周达到最高峰,以后逐渐下降,干奶后下降速度加快,临产前达到最低点;泌乳早期,母牛产奶量迅速上升,但采食量的上升速度没有产奶量上升得快,食入的营养物质少于奶中排出的营养物质,造成体重下降。泌乳中期,母牛产奶量开始下降,而采食量仍在上升,采食的营养物质与乳中排出的营养物质基本平衡,体重大体保持不变。泌乳后期,泌乳量继续下降,采食量也开始下降,但泌乳量下降的速度高于采食量下降的速度,采食的营养物质超过奶中排出的营养物质,体重增加。在产后6～7个月体重恢复到产犊后的水平,产犊前达到最高点。

二、干奶母牛的饲养管理

干奶母牛是指在妊娠最后2个月停止泌乳的母牛。泌乳牛的干奶具有重要的意义,且母牛干奶期饲养管理的成功与否直接关系到胎儿的正常发育和分娩、产后母牛的健康及生产性能的发挥,应予以高度重视。

(一)干奶的意义与方法

1. 干奶的意义 为了保证母牛在妊娠后期体内胎儿的正常发育,使母牛在紧张的泌乳期后能有一个充分的休息时间,使其体况得以恢复,乳腺得以修补与更新,在母牛妊娠的最后2个月采用人为的方法使母牛停止泌乳,称为干奶。

第五章 成年母牛的饲养管理

母牛妊娠后期,胎儿生长速度加快,胎儿多于一半的体重是在妊娠最后两个月增长的,需要大量营养。妊娠后期胎儿生长迅速,体积增大,占据腹腔,压迫消化系统,消化能力降低。母牛经过10个月的泌乳期,各器官、系统的代谢一直处于紧张状态,需要休息。母牛的乳腺细胞也需要一定时间进行修补与更新。母牛在泌乳早期会发生代谢负平衡,体重下降,干奶可使体况恢复,为下一泌乳期进行一定的营养(特别是能量)贮备。

因而,母牛在产犊前2个月一定要有干奶时间。干奶对胎儿的正常发育、母牛自身的健康和下一泌乳期的稳产高产都是非常必要的。

2. 干奶时间 实践证明,干奶期以50~70天为宜,平均为60天,过长或过短都不好。干奶期过短,达不到干奶的预期效果;干奶期过长,会造成乳腺萎缩,降低下一泌乳期的产奶量。

干奶期的长短应视母牛的具体情况灵活掌握:对于初产牛、年老牛、高产牛、体况较差的牛干奶期可适当延长一些(60~75天);对于产奶量较低、体况较好的牛干奶期可适当缩短(45~60天)。

3. 干奶方法 母牛在产犊前2个月不会自行停止泌乳,必须采取一定的措施使母牛停止泌乳,采取的方法即干奶方法。干奶不但要根据母牛的泌乳生理规律,还要有丰富的实践经验。

(1)逐渐干奶法 在预定干奶的前10天左右,开始变更饲料,减少青草、青贮、块根等青饲料及多汁饲料的喂量,多喂干草,并适当限制饮水,停止母牛的运动,停止用温水擦洗和按摩乳房,改变挤奶时间,减少挤奶次数,逐渐由每日3次改为每日2次,每日2次改为每日1次,每日1次改为每2日1次,待日产奶量降至4~5千克时停止挤奶,整个过程需1~2周时间。逐渐干奶法所用时间长,母牛处于不正常的饲养管理的时间长,对胎儿的正常发育和母体健康产生不良影响。但此法对于母牛的乳房较为安全,对技术要求较低,多用于高产、且有乳房炎病史的奶牛。

(2) 快速干奶法　快速干奶法的原理及所采取的措施与逐渐干奶法基本相同,只是进程较快,当母牛日产奶量降至 8~10 千克时即停止挤奶,整个过程需 4~7 天。快速干奶法所用时间较短,对胎儿和母体影响较小,但对母牛乳房的安全性略低,母牛发生乳房炎的可能性增加,适用于高中产母牛。

(3) 骤然干奶法　在预定干奶日进行最后一次挤奶后干奶,不需要任何前期准备和过渡。由于此法干奶所用时间很短,因而对胎儿和母体本身影响很小,但引发母牛乳房炎的风险较高,所以适用于中低产母牛,对于高产牛、有乳房炎病史的牛不宜采用。

不论采用哪种干奶方法,在干奶前均应对母牛进行隐性乳房炎检查,确认为阴性才可实行干奶,否则必须进行必要的治疗,然后才能干奶。干奶前的最后 1 次挤奶应挤得非常彻底,然后用消毒液对乳头进行消毒,向乳头内注入长效青霉素软膏,然后用火棉胶将乳头封住,防止细菌侵入乳房引起乳房炎。

在停止挤奶后的 3~4 天内应密切注意干奶牛乳房的情况。在停止挤奶后,母牛的泌乳活动并未完全停止,因此乳房内还会聚集一定量的乳汁,使乳房出现肿胀现象。此时千万不要按摩乳房和挤奶,几天后乳房内乳汁会被吸收,肿胀消退,干奶即告成功。但如果乳房肿胀不消且变硬、发红、有痛感或出现滴奶现象,说明干奶失败,应把奶挤出,重新实施干奶措施进行干奶。

(二) 干奶牛的饲养

干奶牛饲养管理的目标为:使母牛利用较短的时间安全停止泌乳;使胎儿得到充分发育,正常分娩;母牛身体健康,并有适当增重,贮备一定量的营养物质以供产犊后泌乳之用;使母牛保持一定的食欲和消化能力,为产犊后大量采食做准备;使母牛乳房得到休息和恢复,为产后泌乳做好准备。

根据干奶牛的生理特点和干奶期的饲养目标,干奶期的饲养分为两个阶段,即干奶前期的饲养和干奶后期的饲养。

1. 干奶前期的饲养 干奶前期指从干奶之日起至泌乳活动完全停止、乳房恢复正常为止。此期的饲养目标是尽早使母牛停止泌乳活动,乳房恢复正常。饲养原则是在满足母牛营养需要的前提下不用青绿多汁饲料和副料(啤酒糟、豆腐渣等),而以粗饲料为主,搭配少量精料。

2. 干奶后期的饲养 干奶后期指从母牛泌乳活动完全停止,乳房恢复正常开始到分娩的一段时间。此期是完成干奶期饲养目标的主要阶段。饲养原则为母牛应有适当增重,使其在分娩前体况达到中等膘情。日粮仍以粗饲料为主,搭配3~4千克精料。精料给量视母牛体况而定,体瘦者多些,胖者少些。在分娩前6周开始增加精料给量,每头牛每周酌情增加0.5~1千克,其原则为使母牛日增重在500~600克,全干奶期增重30~36千克。

干奶期母牛饲养绝对不能过肥,否则易发生难产;易导致乳房炎;母牛产后食欲不佳,采食量低,体脂动员过快,导致酮病的发生。此外,饲料能量在干奶期贮存为母牛体脂,产后由体脂转化为产乳能,由体脂转化为产乳能的效率不如直接由饲料能转化的效率高,不经济。

(三)干奶期的管理

干奶牛的管理应注意以下几个方面:加强户外运动,可防止肢蹄病和难产,并可促进维生素D的合成以防止产后瘫痪的发生;避免冲撞和滑倒,不饮冰冻的水(冬季饮水温度应在10℃以上),不喂发霉腐败的饲料,以防止流产;加强牛舍及运动场的环境卫生,有利于防止乳房炎的发生;加强刷拭,及时清除皮垢,促进血液循环。

三、围产期的饲养管理

围产期指的是奶牛临产前 15 天至产后 15 天这段时期。按传统划分方法,临产前 15 天属于干奶期,产后 15 天属于泌乳早期,之所以在饲养管理上将围产期单独划分出来,是由于此期饲养管理的特殊性及重要性。围产期饲养管理的好坏直接关系到正常分娩、母体的健康及产后生产性能的发挥和繁殖表现。因此,在围产期除应注意干奶期和泌乳早期一般的饲养管理原则外,还应做好一些特殊的工作。

(一)围产前期的饲养管理

围产前期指母牛临产前 15 天,其饲养管理应注意以下几个方面。

第一,预产期前 15 天母牛应转入围产牛,进行产前检查,随时注意观察临产征候的出现,做好接产准备。

第二,临产前 2~3 天日粮中适量添加麦麸以增加饲料的轻泻性,防止便秘。

第三,日粮中适当补充维生素 A、维生素 D、维生素 E 和微量元素,对产后子宫的恢复、提高产后配种受胎率、降低乳房炎发病率、提高产奶量具有良好作用。

第四,母牛临产前 1 周会发生乳房膨胀、水肿,如果情况严重应减少糟渣料的供给。

第五,为防止母牛产乳热的发生,应饲喂低钙高磷日粮,日粮钙、磷含量均为 0.3%,并调整日粮的离子平衡为负值。

(二)围产后期的饲养管理

围产后期指母牛产后 15 天,其饲养管理应注意以下几个方面。

第五章 成年母牛的饲养管理

第一,母牛在分娩过程中体力消耗很大,损失大量水分,体力很差,因此分娩后的母牛应先喂给温热的麸皮盐水粥(麸皮 1~2 千克,食盐 100~150 克,碳酸钙 50~100 克,水 15~20 升),以补充水分,促进体力恢复和胎衣的排出,并给予优质干草让其自由采食。

第二,产后母牛消化功能较差,食欲不佳,因而产后第一天以优质青干草为主,从产后第二天起可根据母牛健康状况及食欲,每日增加 0.5~1 千克的精料,并注意饲料的适口性和可消化性。控制青贮、块根、多汁料的供给。

第三,母牛产后应立即挤初乳饲喂犊牛,但由于母牛乳房水肿尚未恢复,体力较弱,第一天只挤出够犊牛吃的奶量即可,第二天挤出乳房内奶的 1/3,第三天挤出 1/2,从第四天起可全部挤完。每次挤奶前应对乳房进行热敷和轻度按摩。

第四,注意母牛外阴部的消毒和环境的清洁、干燥,防止产褥疾病的发生。

第五,加强母牛产后的监护,尤其注意胎衣的排出及完整程度,以便及时处理。

第六,夏季注意产房的通风与降温,冬季注意产房的保温与换气。

第七,母牛产后 7~14 天内最好用手工挤奶。

(三)接产与助产

接产与助产是技术性较强的工作,如果此工作做得不好,胎儿和母牛均会有生命危险,并造成产道、子宫的损伤或炎症,从而影响产奶和繁殖功能,应予充分重视。

1. 接产准备工作 接产前的准备工作包括以下几种。

第一,母牛分娩应在专门的围产牛进行,围产牛应环境安静,便于消毒和接产操作,地面应防滑。

第二,准备好接产、助产用具及药品,包括消毒液、助产绳、医用剪刀、开膣器、润滑液等。用具要充分消毒。

第三,接产人员应昼夜值班,并与兽医联系畅通。

2. 母牛临产征兆 母牛的临产征兆为:从临产前1周开始,乳房出现水肿,并随临产的接近水肿加剧。尾根两侧柔软松弛,并随临产的接近尾根两侧下陷。外阴部肿胀、松弛,分娩前2~3天子宫颈栓开始排出,腹部下垂。临产前1~2天母牛体温稍有上升,分娩前下降。食欲下降,起卧不安,频频排尿,回顾腹部,拱腰,哞叫。出现努责与阵痛,间隔时间逐渐缩短,随之出现破水,说明分娩过程已经开始。

3. 接产与助产 在外阴部见到胎膜后应进行胎位检查,如胎位正常(前肢和头部在前)可不必助产,使其自行产出。如胎位不正,要对胎位进行校正,先将胎儿推回子宫,校正为正常胎位。

在见到胎膜和前肢后经1小时以上胎儿仍不能正常产出时要进行助产,方法是用产科绳拴住胎儿前肢球节以上部位,拉住产科绳慢慢进行牵引,牵引时注意与母牛的努责相互配合,牵引方向应与产道方向相一致,并护住母牛阴门,防止阴门撕裂。一鼓作气,将胎儿拉出。

遇其他异常情况如难产等应由兽医处理。

母牛产后5~6小时应该排出胎衣,应仔细观察其完整情况,如胎儿产出后12小时以上胎衣尚未完全排出即胎衣不下,应请兽医处理。

如胎儿产出后母牛仍进行努责,则有双胎的可能,即尚有一胎儿未产出,应做好下一胎儿的接产准备。

四、泌乳牛的饲养管理

泌乳牛的饲养管理是牛场的核心工作,不但直接影响经济效益,也是牛场持续发展的保障。

第五章 成年母牛的饲养管理

(一)泌乳早期的饲养

泌乳早期的饲养是整个泌乳期饲养的关键,不但关系到母牛整个泌乳期的产奶量,还关系到母牛自身的健康、代谢病的发生与否及产后的正常发情与受胎。泌乳早期的饲养又是整个泌乳期饲养中最复杂、最困难的时期,必须加以高度重视。

泌乳早期又称升乳期或泌乳盛期。此期母牛产奶量由低到高迅速上升,并达到高峰,是整个泌乳期中产奶量最高的阶段。因此,此期饲养管理的好坏直接关系到整个泌乳期产奶量。

此期母牛的消化能力和食欲处于恢复时期,采食量由低到高逐渐上升,但是上升的速度赶不上产奶量的上升速度,乳中分泌的营养物质高于采食的营养物质,母牛须动员体贮进行泌乳,处于代谢负平衡,体重下降。

此期的饲养目标是尽快使母牛恢复消化功能和食欲,千方百计提高其采食量,在提高母牛产奶量的同时,力争使母牛减重达到最小,避免由于过度减重所引发的酮病。把母牛减重控制在 0.5~0.6 千克/日,全期减重不超过 35~45 千克。

泌乳早期的饲养方法,产犊当天不喂精料,以麸皮水和优质青干草为主,产后第一天按产前日粮饲喂,产后第二天开始逐渐将精料量增加到每日每头 5 千克左右。从产犊后第十五天开始,每日每头增加 0.5~1 千克精料,只要产奶量继续上升,精料给量就继续增加,直到产奶量不再上升为止。

泌乳早期的饲养应采取如下措施。提高粗饲料质量,多喂优质干草,最好在运动场中设草架,使其自由采食。青贮水分不要过高,否则应限量。干草采食不足可导致瘤胃酸中毒和乳脂率下降。提高饲料能量浓度,必要时可在精料中加入过瘤胃脂肪。日粮精、粗料比例可达 50∶50~60∶40。为防止高精料日粮可能造成的瘤胃 pH 下降,可在日粮中加入 1.5% 的碳酸氢钠和氧化镁。增加饲喂次数,由每日3次增加到每日5～6次。少加勤添,以保证饲草料的新鲜。在日粮配合中增加非降解蛋白的比例,如添加豆粕、过瘤胃处理的蛋白质饲料。

(二)泌乳中期的饲养

泌乳中期又称泌乳平稳期。此期母牛的产奶量已经达到高峰并开始下降,而采食量则仍在上升,采食营养物质与奶中排出的营养物质基本平衡,体重不再下降保持相对稳定。

此期的饲养目标为尽量使母牛产奶量维持在较高水平,下降不要太快。

饲养方法上可尽量维持泌乳早期的干物质采食量,或稍有下降,而以降低饲料的精、粗料比例和降低日粮的能量浓度来调节进食的营养浓度,日粮的精、粗料比例可降至45∶55或更低,以增进母牛健康,同时降低饲养成本。

(三)泌乳后期的饲养

泌乳后母牛的产奶量在泌乳中期的基础上继续下降,且下降速度加快,采食量达到高峰后也开始下降,采食的营养物质超过乳中分泌的营养物质,代谢为正平衡,体重增加。

此期的饲养目标除阻止产奶量下降过快外,要保证胎儿正常发育,并使母牛有一定的营养物质贮备,以备下一个泌乳早期使用,但不宜过肥,体况保持中上等膘。按时进行干奶。

此期理想的总增重为98千克左右,平均日增重0.635千克。此期在饲养上可进一步调低日粮的精、粗料比例,达30∶70～40∶60即可。

(四)泌乳周期中理想的体重变化模式及能量平衡

母牛泌乳的最初70天,平均每天损失体贮2.42兆卡产奶净能,减重 0.5 千克,全期减重 35 千克。母牛在产后 71～140 天采食营养物质与奶中分泌的营养物质相平衡,体重不增不减。母牛在产后 141～210 天,平均每天沉积产奶净能 3 兆卡,增重 0.5 千克,全期增重 35 千克,体重恢复到刚产完犊的水平。母牛在产后 211～280 天平均每天沉积产奶净能 3 兆卡,增重 0.5 千克,全期增重 35 千克,与刚产完犊时的体重相比,体重增加 35 千克。母牛产后 281～305 天,平均每日沉积产奶净能 4.5 兆卡,增重 0.75 千克,全期增重 18 千克,与刚产完犊相比,体重增加 53 千克。母牛在干奶期平均每日沉积产奶净能 2.4～3.4 兆卡,增重 0.5 千克,全期增重 30 千克,与刚产完犊相比,体重增加了 83 千克。在整个泌乳周期中,母牛共增加体重 118 千克,其中有 35 千克是恢复泌乳早期丢失的体重,83 千克是胎儿与母体胎盘及胎水的增长,此 83 千克体重在下次分娩时失去。

(五)泌乳母牛的管理

泌乳母牛的管理应注意以下几个方面。

第一,母牛产犊后应密切注意其子宫的恢复情况,如发现炎症及时治疗,以免影响产后的发情与受胎。

第二,母牛在产犊 2 个月后如有正常发情即可配种,应密切观察发情情况,如发情不正常要及时治疗。

第三,母牛在泌乳早期要密切注意其对饲料的消化情况,因此时采食精料较多,易发生消化代谢疾病,尤应注意瘤胃弛缓、酸中毒、酮病、乳房炎和产后瘫痪的监控。

第四,加强母牛的户外运动,加强刷拭,并给母牛提供一个良好的生活环境,冬季注意保温,夏季注意防暑和防蚊、蝇。

第五,供给母牛足够量的清洁饮水。

第六,妊娠后期注意保胎,防止流产。

第七,每月进行 1 次体况评分,根据评分结果调整日粮和饲养管理措施。

思 考 题

1. 何谓泌乳周期？泌乳周期分为哪几个阶段？泌乳期分为哪几个阶段？
2. 何谓干奶？为什么要干奶？如何干奶？
3. 干奶母牛的饲养管理要点是什么？
4. 何谓围产期？围产期母牛的饲养管理要点是什么？
5. 母牛临产有哪些表现？如何进行接产与助产？
6. 奶牛在泌乳早期、泌乳中期、泌乳后期的产奶量、采食量和体重的变化规律是什么？
7. 泌乳早期、泌乳中期、泌乳后期奶牛的饲养管理要点各是什么？

第六章 奶牛饲养管理记录表格与使用

一、登记统计制度的意义

为了提高奶牛饲养管理的科学性、有效性,在奶牛场的各项工作中均应做好相应的记录与统计工作。这些技术资料既可作为掌握牛场当前生产情况,制订、调整各项工作方案和具体饲养管理措施的基础与依据,也用于保存备查。

奶牛场需要记录、统计和保存的技术资料很多,如奶牛卡片(主要记录牛的系谱、生长发育、体尺体重、生产性能等情况),产奶情况,检疫、免疫情况,疾病诊断治疗情况,发情、配种、妊娠、分娩情况等。这些资料的收集、记录、整理、统计、分析和保存一般由技术人员和管理人员专门负责,奶牛饲养员应给予必要的协助工作。

为了做好牛群的饲养管理工作,奶牛饲养员应对自己所饲养管理的牛群的基本情况有一定的了解,并对每日的工作内容和关键环节做必要的记录。记录既是一个非常好的习惯,也是非常有效的管理手段。通过记录,可以督促饲养员认真地进行每一项操作。记录可以帮助查找、分析发生问题的原因。奶牛的健康状况和疾病的发生,很多是在此前一个阶段饲养管理所积累的结果,分析前一阶段的饲养管理记录,往往可以找到原因。

为此,我们设计了一套适用于奶牛饲养员使用的饲养管理记录表格(表1至表4)。分犊牛、育成牛、青年牛和泌乳母牛几个类型,使用者可根据需要进行必要修改,增删相应的项目。为了工作上的方便,最好将每头牛的基本情况以表格的形式加以记录,以备查阅。下面是不同阶段奶牛的基本情况记录表格的范例。

二、各种表格的使用

(一)犊牛饲养管理记录表格

表 1　犊牛饲养管理记录表格　（单位：千克，厘米）

牛　号	出生日期	出生重	产出情况	第一次初乳喂量与时间

日期	日龄	哺乳量			饲料采食量			粗饲料采食量	备注
		第一次	第二次	第三次	第一次	第二次	第三次		

断奶时间	断奶体重	断奶体尺	备注		

使用说明：

(1)此表用于出生到断奶的犊牛，主要由犊牛饲养员使用。每头犊牛 1 张表格，如果断奶时间较晚，不够用可加页。犊牛出生时在围产牛，然后转移到户外犊牛栏或哺乳犊牛舍，此表跟随犊牛直至断奶，后交牛场资料室保存。该表格在每页下部留有一定空白，用于记录表格中无法记录的特殊情况。

(2)表的上部是犊牛的基本情况，用于犊牛饲养员了解和掌握犊牛的基本情况。

(3)产出情况指是否正常产出、犊牛体质、其他特殊情况等，如果此栏不够用，可在该页的下部空白处填写。

(4)第三行以下是记录位置，每天 1 行。日期指饲喂的当天，日龄指饲喂当天犊牛所处的实际日龄。哺乳量按实际哺乳量分次记录，如果觉得有必要可对其进行按天总和。饲料采食量指精料采食量或开食料采食量，记录办法与哺乳量相同。粗饲料采食量由于很难精确测定，一般按天进行估计。其他情况如疾病、称重、测量体尺、去角等在备注中标出，位置不够用时可在该页下部的空白处加以补充。

(5)此表格一直记录到断奶为止。在表格的最后 1 行记录断奶的有关情况。

第六章 奶牛饲养管理记录表格与使用

(二)断奶犊牛、育成牛、青年牛饲养管理记录表格

表2 断奶犊牛、育成牛、青年牛饲养管理记录表格 （单位：千克，厘米）

牛号		出生日期	断奶时间	断奶体重	断奶体尺	其他情况			
日期	月龄	精料采食量	粗料采食量	青贮采食量	上次发情时间	预计下次发情时间	发情情况	输精时间	备注
妊娠时间		预产期	转出体重		转出体尺		其他		

使用说明：

(1)此表用于断奶后的犊牛、育成牛、青年牛、直至临产转入围产牛。每头牛1张表格，不够用可加页。犊牛到育成牛、育成牛到青年牛的转群，此表一直跟随，最终（牛转入围产牛后）交牛场资料室保存。该表格在每页下部留有一定空白，用于记录表格中无法记录的特殊情况。

(2)表的上部是牛在前期的基本情况，用于饲养员了解和掌握牛的基本情况。

(3)其他情况指牛的体质体型、生长发育和健康状况，是否去角，检疫、免疫等特殊情况，如果此栏不够用，可在该页的下部空白处填写。

(4)第三行以下是记录位置，每天1行。日期指饲喂的当天，月龄指饲喂当天牛所处的实际月龄。精料采食量、粗料采食量、青贮采食量均按天进行记录。

(5)上次发情时间指已经结束的发情，预计下次发情时间指根据发情周期计算的下次可能发情时间，主要用于有目的地观察牛的发情。发情情况指观察到的发情行为和发生时间，用于配种员确定输精时间的参考。输精时间指配种员进行输精的时间，主要用于确定妊检时间和妊娠表现的观察。

(6)其他情况如转群、称重、测量体尺、妊检、疾病等在备注中标出，位置不够用时可在该页下部的空白处加以补充。

(7)此表格一直记录到转入围产牛为止。在表格的最后1行记录比较重要的有关情况。

(三)泌乳母牛饲养管理记录表格

表3 泌乳母牛饲养管理记录表格 （单位：千克）

牛 号	出生日期	胎 次	上胎产奶量	产犊时间	体 重
产后发情时间			妊娠时间	预产期	其他情况
日期	泌乳月	体况评分	日产奶量	精料采食量	粗料采食量	青贮采食量	发情情况	输精时间	备注

使用说明：

(1)此表用于泌乳母牛,从产犊开始直至干奶。每头牛1张表格,如果不够用可加页。从围产牛到泌乳牛舍之间的转群,此表一直跟随,最终(牛转入干奶牛舍后)交牛场资料室保存。该表格在每页下部留有一定空白,用于记录表格中无法记录的特殊情况。

(2)表的上部是牛在前期的基本情况,用于饲养员了解和掌握牛的基本情况。

(3)其他情况指牛的体质、体型、健康状况、检疫免疫、疾病等特殊情况,如果此栏位置不够用,可在该页的下部空白处填写。

(4)第三行的发情时间有3个记录位置,分别记录母牛产后的每一次发情时间(因为母牛产后并不是1次配种就能够妊娠,可能会经过2～3次的发情配种之后才能妊娠),用于预测下一次可能的发情时间,便于饲养员有针对性地观察发情表现。

(5)第四行以下是记录位置,每天1行。日期指饲喂的当天,泌乳月指饲喂当天牛所处的实际泌乳月。日产奶量指当日的泌乳量。精料采食量、粗料采食量、青贮采食量均按天进行记录。

(6)发情情况指观察到的发情行为和发生时间,用于配种员确定输精时间的参考。输精时间指配种员进行输精的时间,主要用于确定妊检时间和妊娠表现的观察。

第六章　奶牛饲养管理记录表格与使用

(7)其他情况如乳房情况、妊检、疾病等在备注中标出,位置不够用时可在该页下部的空白处加以补充。

(四)干奶母牛饲养管理记录表格

表4　干奶母牛饲养管理记录表格　（单位：千克）

牛号	出生日期	胎次	干奶时间	上胎产奶量	预产期	其他情况

日期	干奶天数	体况评分	精料采食量	粗料采食量	青贮采食量	临产表现	乳房情况	备注

使用说明：
(1)此表用于干奶母牛,从干奶开始直至产犊。每头牛1张表格,如果不够用可加页。从干奶牛舍到围产牛之间的转群,此表一直跟随,最终(牛产犊后)交牛场资料室保存。该表格在每页下部留有一定空白,用于记录表格中无法记录的特殊情况,特别是产犊情况。
(2)表的上部是牛在前期的基本情况,用于饲养员了解和掌握牛的基本情况。
(3)其他情况指牛的体质、健康状况、检疫、免疫、疾病等特殊情况,如果此栏不够用,可在该页的下部空白处填写。
(4)第三行以下是记录位置,每天1行,日期指饲喂的当天,干奶大数指牛从干奶起到饲喂当天实际累计的天数。精料采食量、粗料采食量、青贮采食量均按天进行记录。临产表现指母牛在接近分娩时所出现的临产征兆,用于估测实际分娩时间,做好接产、助产准备。乳房情况指产犊前母牛乳房的水肿、漏奶等现象与程度。

思 考 题

1. 奶牛饲养管理的记录表格有那些？其作用是什么？
2. 为什么要对奶牛的饲养管理情况进行记录？如何做好这些记录？

第七章　奶牛饲养员劳动定额与技术考核指标

一、劳动定额

劳动定额是指根据奶牛场不同岗位工作性质、特点与职责,经过科学计算和实践验证而确定的,各岗位工作人员每人每天所应承担的工作量。劳动定额是对各岗位人员工作业绩进行考核的基础。

科学、合理地确定不同岗位的劳动定额是对奶牛场人力资源进行科学管理的重要组成部分,是调动牛场员工的积极性、充分发挥各类人员的潜力、提高劳动生产率和工作效率的重要手段和有效措施。劳动定额的确定必须科学合理,既不能过高也不能过低,各不同岗位之间的标准一致,这样才具有可操作性。

制订劳动定额应根据工作岗位的性质与特点、劳动强度、工作环境、难易程度等综合考虑。不同岗位间的劳动定额根据其各自工作的性质与特点而不同,相同岗位的劳动定额可能会因为机械化程度、设施设备条件、环境条件和奶牛生产水平的不同而产生差异。

(一)哺乳犊牛饲养员的劳动定额

目前我国绝大部分奶牛场实行人工哺乳,主要采用手工作业。犊牛饲养员的工作比较繁杂,不但要哺乳犊牛,还要饲喂饲料,清除犊牛栏的粪便,打扫卫生,对犊牛进行调教和刷拭等。此外,随着犊牛的生长发育,每日的哺乳量经常需要调整与变化。每次哺乳都要严格计量,控制奶温,洗刷消毒哺乳用具。因此,犊牛饲养员的劳动定额一般不高,为每人35~40头。

(二)后备母牛饲养员的劳动定额

由于近年来犊牛的哺乳期越来越短,奶牛场的牛群除了传统上的犊牛、育成母牛、青年母牛、成年母牛之外,又增加了一个断奶犊牛群。因此,后备母牛饲养员除了包括育成牛和青年牛的饲养员外,还包括断奶犊牛饲养员。

后备母牛饲养员的劳动定额根据牛场所采用的饲养工艺的不同而有一定的变化。另外,由于后备母牛正处于生长阶段,而且月龄跨度较大,月龄小的牛采食量较低,月龄较大的牛采食量较高,从断奶犊牛到青年母牛采食量可相差数倍。采食量的不同必然导致饲养员劳动强度的不同,因此劳动定额也应该不同。

1. 断奶犊牛饲养员劳动定额 断奶犊牛由于刚刚断奶,消化系统发育不完善,对环境的适应能力和对疾病的抵抗能力较低,在饲养管理上需要特殊的照顾,一般不采用全混合日粮饲喂。但断奶犊牛采食量不高,饲养员的劳动强度不大。一般每人管理80~100头。

2. 育成母牛饲养员劳动定额 与断奶犊牛相比,育成母牛消化系统发育基本完善,对环境的适应能力和对疾病的抵抗能力大大加强,在管理上可以粗放一些。对于采用全混合日粮饲喂工艺的育成母牛群,饲养员的劳动定额为每人200~250头;对于采用拴系饲养、精料粗料分饲工艺的育成母牛群,饲养员的劳动定额为每人80~100头。

3. 青年母牛饲养员劳动定额 与育成母牛相比,青年母牛消化系统的发育更加完善,对环境的适应能力和对疾病的抵抗能力更强,采食量进一步提高。青年母牛与育成母牛的最大不同是妊娠。由于妊娠,青年母牛的乳房发育速度加快。为了促进乳腺发育,并为产犊后的挤奶做好必要的准备,在青年母牛的管理上需要进行适当的乳房

第七章　奶牛饲养员劳动定额与技术考核指标

按摩工作,妊娠后期还需要注意保胎。因而增加了工作量。对于采用全混合日粮饲喂工艺的青年母牛群,饲养员的劳动定额为每人150～200头;对于采用拴系饲养、精料、粗料分饲工艺的青年母牛群,青年母牛饲养员的劳动定额为每人60～80头。

(三)成年母牛饲养员的劳动定额

成年母牛可分为泌乳母牛和干奶母牛2个牛群。泌乳母牛的营养需要量大,采食量大大增加,日粮精、粗料比例高,容易发生消化障碍甚至酸中毒等问题。乳房炎也是泌乳母牛经常出现的多发病。由于年龄的增长和代谢的紧张,泌乳母牛对环境和饲养管理条件比较敏感,对疾病的抵抗力较低,发病率也较高。此外,发情观察、配种、妊娠检查、保胎等工作也给饲养员增加了工作量和负担。对于采用全混合日粮饲喂工艺的泌乳母牛群,饲养员的劳动定额为每人150～200头。对于采用拴系饲养、精料粗料分饲工艺的成年母牛群,饲养员的劳动定额为每人25～50头,还需进行挤奶操作。散栏饲养工艺的牛场,饲养员劳动定额为40～50头泌乳牛。

干奶母牛与泌乳母牛的饲养管理相似,只是采食量低于泌乳母牛。因此,饲养员的劳动定额应略高于泌乳母牛。

(四)围产期母牛饲养员的劳动定额

围产期母牛饲养员工作于围产牛,除了饲喂围产期母牛外,还要承担接产、助产、产后子宫监测、护理、恢复、围产后期母牛的挤奶等工作,工作比较辛苦,工作环境条件较差,技术性较强,因而劳动定额相对较低。一般每人平均管理15头牛左右。但有的奶牛场将母牛产后子宫监测、护理、恢复等工作交由配种员来做,此时一般每人平均管理20头牛左右。

需要强调的是,饲养员的劳动定额与奶牛场所采用的饲养管理工艺及设施、设备条件有密切的关系。采用的饲养管理工艺越科学、牛场的设施设备越先进,劳动生产率就越高,每名饲养员劳动定额也越高。由于我国奶牛养殖业正处于发展阶段,不同奶牛场间的设备、设施条件相差非常大,加之不同牛场所采用的饲养管理工艺不同,对奶牛饲养员岗位工作职责的分配与界定也有很大差别,因而相同岗位的劳动定额会有非常大的差异,这种差异有时可达到1倍以上。因此,饲养员的劳动定额没有统一的标准,需要根据牛场的实际情况灵活确定,本书介绍的劳动定额只能作为一个参考。

二、技术考核指标

技术考核指标指对饲养员的工作业绩进行衡量的标准,是制定工资水平和奖惩制度的基础,是奶牛场对饲养员进行科学管理的有效手段。科学合理的考核指标能够提高奶牛场的劳动生产率,调动饲养员的积极性,促进生产的发展。如果考核指标确定得不够合理,则会起到相反的效果。

制订奶牛场饲养员的技术考核指标是一项比较复杂和困难的工作,因为奶牛场饲养员的工作比较繁杂,有些工作很难量化,特别是很多指标的影响因素很多,有些因素并非饲养员所能完全控制。因此,制订具体的考核指标必须根据牛场的实际情况,综合考虑各种因素,并在实践中不断加以调整与完善。

(一)哺乳犊牛饲养员的考核指标

哺乳犊牛的饲养目标主要有两个,一为达到较高的成活率,二为获得合理的生长发育,因而哺乳犊牛饲养员的考核指标也应围绕着这两个中心任务进行设定。

1. 犊牛成活率 犊牛成活率是犊牛饲养员最重要的考核指标。牛的繁殖率很低,年产1犊,公母各半,因此母犊出生就有很高的经济价值。在目前情况下,至少每头中等产奶潜力的母犊具有2 000元以上的价值,高产奶牛母犊经济价值就更高,因此,如果母犊牛死亡则经济损失很大。牛场的犊牛成活率太低,会严重影响奶牛场的经济效益。犊牛对疾病的抵抗力和对环境的适应能力较低,哺乳犊牛阶段是牛一生中死亡率最高的。因此,控制犊牛的死亡率,提高成活率就成为了犊牛培育的最核心的任务。

犊牛成活率受很多因素的影响,除饲养管理因素外,犊牛舍的环境条件、哺乳期的长短、开食料的质量、哺乳与断奶方案、防疫与治疗水平等,都会对犊牛的成活率产生影响,而其中的很多因素并非犊牛饲养员所能完全控制。因此,对犊牛成活率指标的制订需要根据牛场各方面的条件和因素灵活掌握。一般可将牛场过去哺乳犊牛成活率的平均水平设为基准线,高于此标准的给予一定的奖励,低于此标准的给予一定的惩罚。一般奶牛场哺乳犊牛的成活率可设定为93%~95%。

2. 生长发育指标　奶牛饲养追求合理的发育。发育与增重并不完全等同,因此在奶牛场用增重和体尺2项指标来衡量发育的程度。荷斯坦犊牛合理的体重和体尺指标见表5。

表5　荷斯坦母犊牛体重与体尺指标

月　龄	体重(千克)	体高(厘米)	胸围(厘米)
初　生	41.8	74.9	76.2
1	46.4	76.2	81.3
3	84.6	86.4	96.5
6	167.7	102.9	124.5

(资料来源:王前. 养奶牛10招. 广州:广东科技出版社,2003.4)

需要指出的是,犊牛初生重会由于母牛体重、妊娠期营养及健康状况、妊娠期等而有所不同。哺乳犊牛的增重受哺乳量、开食料的饲喂数量和质量、哺乳犊牛生活的环境条件等因素的影响,这些因素一般与哺乳犊牛饲养员的工作好坏并无太大的直接关系。因而，以哺乳犊牛的发育情况对哺乳犊牛饲养员进行考核时应具体情况具体分析。

(二)断奶犊牛饲养员的考核指标

断奶犊牛的饲养目标与哺乳犊牛基本相同，一为达到较高的成活率，二为获得合理的生长发育。因而，断奶犊牛饲养员的考核指标也应围绕着这2个中心任务进行设定。与哺乳犊牛不同，断奶犊牛对环境的适应能力和对疾病的抵抗能力已有较大的提高，死亡率有较大程度的降低，因而断奶犊牛的成活率指标应高于哺乳犊牛，一般设定为95%～97%。荷斯坦断奶犊牛合理的体重和体尺指标见表5。

(三)育成母牛饲养员的考核指标

育成母牛对环境的适应能力和对疾病的抵抗能力大大提高，死亡率大大降低，因而成活率可设定为98%～99%。

育成母牛的主要饲养管理目标有2个，其一为合理的生长发育，其二为按时发情配种。

育成母牛生长发育的指标用不同阶段的体尺、体重(或增重)来衡量，荷斯坦后备母牛的合理体重、体尺见表6。

表6　荷斯坦后备母牛体重与体尺指标

月　龄	体重(千克)	体高(厘米)	胸围(厘米)
9	251.4	113.1	144.8
12	318.6	119.4	157.5
15	376.3	124.5	167.6
18	440.0	129.5	177.8
21	474.6	132.1	182.4
24	527.0	137.0	

(资料来源：王前．养奶牛10招．广州：广东科技出版社，2003.4)

发情配种的考核指标可包括平均初次发情的月龄(初情期)、

平均妊娠时间(月龄或天数)和特定月龄时受配和妊娠比例等。

荷斯坦育成母牛出现第一次发情的平均月龄可设定为 10 月龄。但由于不同奶牛场对初次配种条件(育成牛体重和月龄)的规定不一样,因此也就无法统一规定平均妊娠时间和特定月龄时配种和妊娠比例。但可以这样设定指标,即育成母牛在达到规定的初配月龄标准时,体重应有 90%以上也达到初配标准,并进行配种。育成母牛应在达到规定的初配月龄标准后 3 个月内有 90%以上受胎。

(四)青年母牛饲养员的考核指标

青年母牛的主要饲养管理目标有 2 个,其一为合理的生长发育(包括胎儿的发育),其二为正常分娩与产后正常泌乳。青年母牛繁殖方面的考核指标可考虑设置流产率、产活犊率、难产率、乳房发育和挤奶的难易程度等。

在传统奶牛场的管理中,对青年母牛饲养员的考核一般只考虑流产的问题,对其他指标不进行考核。但其他几项实际上是与青年母牛的饲养管理有密切关系的。例如,青年母牛体况适宜(不能过肥),运动量足够,难产的发生率较低。在母牛妊娠的中后期,要求对乳房进行适当的按摩,一方面可促进乳房的发育,又可为产后顺利挤奶打下良好的基础。流产率、产活犊率、难产率 3 个指标计算公式分别为:

$$流产率(\%) = \frac{流产母牛数}{妊娠母牛数} \times 100\%$$

$$产活犊率(\%) = \frac{出生 24 小时内存活犊牛数}{总产犊牛数} \times 100\%$$

$$难产率(\%) = \frac{难产母牛数}{总生产母牛数} \times 100\%$$

乳房发育可用产前 15 天左右的乳房半围或深度来度量。挤奶难易程度很难做定量测定,可根据产犊后挤奶的难易程度评分测定。上述各指标尚没有一个大家公认的具体参数,牛场可在实际工作中自己摸索确定,并不断改进,完善。

青年母牛成活率可设定为 98%~99%。

青年母牛生长发育指标用不同阶段的体尺、体重(或增重)来衡量,荷斯坦青年母牛的合理体尺、体重见表6。

(五)干奶母牛饲养员的考核指标

干奶母牛的饲养目标是防止流产,使母牛按时正常分娩,减少围产期有关代谢病的发生。相应的考核指标包括产前体况评分、流产率、产活犊率、难产率、胎衣不下发生率、产后瘫痪发生率、乳房炎发生率等,这些指标大多与干奶期的饲养管理有关。由于上述各指标还受其他因素的影响,不同牛场间、同一牛场不同年份间的变异较大,因此各指标的具体数值很难做统一的规定。可对牛群在本年度各指标进行统计分析之后,以平均值作为考核的基础标准,优于此标准的进行奖励,达不到此标准的适当惩罚,但惩罚程度不宜过大。

胎衣不下率为母牛产后12小时内胎衣不下的母牛占产犊母牛数的百分比。

(六)泌乳牛饲养员的考核指标

泌乳牛的饲养目标是在保证牛只健康的基础上获得较高的产奶量和牛奶质量,母牛尽早发情、配种并妊娠,避免发生流产。

母牛健康状况可用各月份的体况评分和发病率进行考核,可设置一般疾病、代谢病、消化系统疾病几个不同的指标,因为不同类型的疾病与饲养员工作质量的关系密切程度不同。

产后初次发情时间、产后妊娠时间是比较重要的指标,但这2个指标与牛的产奶量有一定的负相关关系,即产奶量越高的牛,其产后发情和妊娠的时间越长,因此无法做统一的规定。

产奶量和牛奶质量是最重要的指标,但这2个方面的指标与奶牛的遗传基础关系非常密切,因而不能直接进行设定,最好与上个胎次进行比较或与产奶计划中的相应数值进行比较计算相对值才合理。牛奶质量的有些指标受遗传因素的影响较大,有些受日粮因素的影响较大,有些受饲养管理因素的影响较大(如体细胞数、细菌数),因此这些考核指标的设定必须考虑各种因素,力求科学、公平、合理。

(七)围产期母牛饲养员的考核指标

奶牛的围产期可分为2个阶段,即围产前期和围产后期。围产前期的主要饲养目标是保证奶牛正常分娩,尽可能防止产前、产后代谢病的发生。围产后期的饲养目标是尽快使产后母牛恢复食欲和采食量,满足产后泌乳的营养需要。由于不同奶牛场对围产期奶牛饲养管理的分工不同,导致不同奶牛场围产期奶牛饲养员所承担的职责也不同。例如,有的奶牛场将接产、助产、产后子宫监测、护理、恢复等工作交由配种员来做,有的牛场将这些工作交由围产期饲养员来做。因此,围产期奶牛饲养员的考核指标应根据奶牛场的实际情况进行设定。

异常分娩发生率应该作为围产期饲养员工作业绩考核的1个重要指标。异常分娩可定义为由人为因素造成的接产、助产事故,如对分娩前兆观察不细致造成的在没有任何准备的情况下母牛突然生产,并由此导致严重的后果(犊牛或母牛死亡);在接产或助产过程中由于失误操作导致严重后果(犊牛或母牛死亡,产道严重感染或创伤等)。

产后母牛子宫的监测和护理指标包括子宫恢复时间,子宫炎发生率和严重程度等。产后瘫痪、酮病、乳房炎及其他有关疾病的发生率也应作为围产期饲养员的考核指标。此外,还应包括犊牛健康状态、第一次初乳的饲喂时间等指标。

产后母牛食欲的恢复情况可用转出围产牛时的干物质采食量

进行衡量。

思 考 题

1. 如何制定奶牛饲养员的劳动定额？犊牛、后备母牛和成年母牛饲养员的劳动定额包括哪些内容？

2. 为什么要对奶牛饲养员的业绩进行考核？考核的作用是什么？

3. 犊牛、后备母牛和成年母牛等各阶段的饲养员考核指标包括哪些内容？

金盾版图书,科学实用,通俗易懂,物美价廉,欢迎选购

书名	价格
奶牛良种引种指导	11.00
怎样提高养奶牛效益(第2版)	15.00
农户科学养奶牛	16.00
奶牛高效养殖教材	5.50
奶牛实用繁殖技术	9.00
奶牛围产期饲养与管理	12.00
奶牛饲料科学配制与应用	15.00
肉牛高效益饲养技术(修订版)	15.00
奶牛养殖技术问答	12.00
肉牛高效养殖教材	5.50
肉牛健康高效养殖	13.00
肉牛无公害高效养殖	11.00
肉牛快速肥育实用技术	16.00
肉牛育肥与疾病防治	15.00
肉牛饲料科学配制与应用	12.00
秸秆养肉牛配套技术问答	11.00
水牛改良与奶用养殖技术问答	13.00
牛羊人工授精技术图解	18.00
马驴骡饲养管理(修订版)	8.00
科学养羊指南	28.00
养羊技术指导(第三次修订版)	15.00
种草养羊技术手册	12.00
农区肉羊场设计与建设	11.00
肉羊高效养殖教材	6.50
肉羊健康高效养殖	13.00
肉羊无公害高效养殖	20.00
肉羊高效益饲养技术(第2版)	9.00
怎样提高养肉羊效益	10.00
肉羊饲料科学配制与应用	13.00
秸秆养肉羊配套技术问答	10.00
绵羊繁殖与育种新技术	35.00
怎样养山羊(修订版)	9.50
波尔山羊科学饲养技术	12.00
小尾寒羊科学饲养技术(第2版)	8.00
南方肉用山羊养殖技术	9.00
南方种草养羊实用技术	20.00
奶山羊高效益饲养技术修订版	9.50
农户舍饲养羊配套技术	17.00
科学养兔指南	32.00
中国家兔产业化	32.00
专业户养兔指南	16.00
养兔技术指导(第三次修订版)	12.00
实用养兔技术(第2版)	10.00
种草养兔技术手册	14.00
新法养兔	15.00
图说高效养兔关键技术	14.00
獭兔标准化生产技术	13.00
獭兔高效益饲养技术	

书名	价格	书名	价格
（第3版）	15.00	图说高效养蛋鸡关键技术	10.00
獭兔高效养殖教材	6.00	蛋鸡高效益饲养技术（修订版）	11.00
怎样提高养獭兔效益	8.00	蛋鸡养殖技术问答	12.00
图说高效养獭兔关键技术	14.00	节粮型蛋鸡饲养管理技术	9.00
长毛兔高效益饲养技术（修订版）	13.00	怎样提高养蛋鸡效益（第2版）	15.00
长毛兔标准化生产技术	13.00	蛋鸡蛋鸭高产饲养法（第2版）	18.00
怎样提高养长毛兔效益	12.00	蛋鸡无公害高效养殖	14.00
肉兔高效益饲养技术（第3版）	15.00	土杂鸡养殖技术	11.00
肉兔标准化生产技术	11.00	生态放养柴鸡关键技术问答	12.00
肉兔无公害高效养殖	12.00	山场养鸡关键技术	9.00
肉兔健康高效养殖	12.00	果园林地生态养鸡技术	6.50
家兔饲料科学配制与应用	11.00	肉鸡肉鸭肉鹅高效益饲养技术（第2版）	11.00
家兔配合饲料生产技术（第2版）	18.00	肉鸡良种引种指导	13.00
实用家兔养殖技术	17.00	肉鸡标准化生产技术	12.00
家兔养殖技术问答	18.00	肉鸡高效益饲养技术（第3版）	19.00
兔产品实用加工技术	11.00	肉鸡养殖技术问答	10.00
科学养鸡指南	39.00	怎样养好肉鸡	8.50
家庭科学养鸡（第2版）	20.00	怎样提高养肉鸡效益	12.00
怎样经营好家庭鸡场	14.00	优质黄羽肉鸡养殖技术	14.00
鸡高效养殖教材	6.50	新编药用乌鸡饲养技术	12.00
鸡鸭鹅饲养新技术（第2版）	16.00	怎样配鸡饲料（修订版）	5.50
蛋鸡饲养技术（修订版）	4.50	鸡饲料科学配制与应用	10.00
蛋鸡标准化生产技术	9.00		
蛋鸡良种引种指导	10.50		

以上图书由全国各地新华书店经销。凡向本社邮购图书或音像制品，可通过邮局汇款，在汇单"附言"栏填写所购书目，邮购图书均可享受9折优惠。购书30元（按打折后实款计算）以上的免收邮挂费，购书不足30元的按邮局资费标准收取3元挂号费，邮寄费由我社承担。邮购地址：北京市丰台区晓月中路29号，邮政编码：100072，联系人：金友，电话：(010)83210681、83210682、83219215、83219217(传真)。